4

ESO

MATEMÁTICAS ORIENTADAS A LAS ENSEÑANZAS ACADÉMICAS

J. COLERA JIMÉNEZ, Mª J. OLIVEIRA GONZÁLEZ,
I. GAZTELU ALBERO, R. COLERA CAÑAS,
R. GARCÍA PÉREZ

TRIMESTRE 1

Usa este código para:

Acceder al
BANCO DE RECURSOS
y descargar el
LIBRO DIGITAL
disponibles en
www.anayaeducacion.es

ANAYA

ASÍ ES TU LIBRO

APERTURA DE UNIDAD

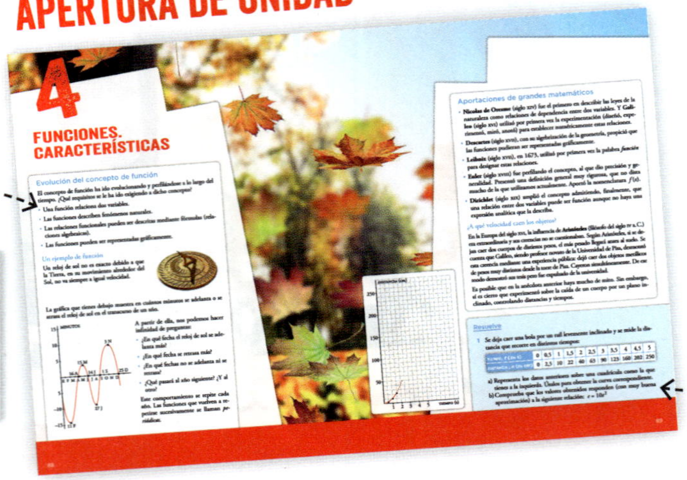

Cada unidad comienza con una breve introducción histórica de los contenidos que vas a estudiar.

Resuelve. Se ofrecen una serie de actividades motivadoras con el fin de poner en funcionamiento los conocimientos previos que ya posees.

DESARROLLO DE LOS CONTENIDOS Y ACTIVIDADES

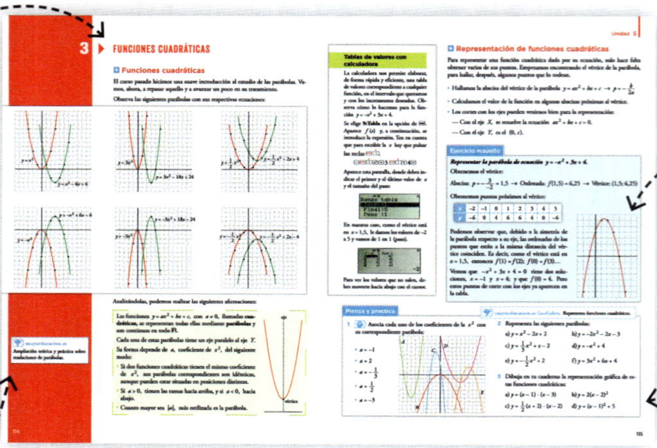

El desarrollo de la unidad se dividen en epígrafes, y estos en subepígrafes.

Los contenidos más importantes están resaltados.

Los **iconos** incluidos en algunas actividades sugieren la clave del proyecto que puede aplicarse en cada caso.

Ejemplos y ejercicios resueltos. Para practicar los procedimientos más importantes.

Piensa y practica. Son ejercicios de aplicación directa de la teoría que se acaba de explicar.

LAS CLAVES DEL PROYECTO

Compromiso ODS

Descubre los Objetivos de Desarrollo Sostenible y forma parte activa de nuestro compromiso para lograr un mundo más igualitario y habitable.

Plan Lingüístico

Pon en práctica tus destrezas comunicativas en los diferentes tipos de texto que te proponemos. El lenguaje siempre está presente, ¡comunícate!

Desarrollo del pensamiento

Trabaja estrategias de pensamiento: reflexiona sobre los contenidos que estás aprendiendo, genera ideas, organízalas, priorízalas, arguméntalas, exponlas...

Aprendizaje cooperativo

Implícate en tu aprendizaje y participa en el de todo el grupo; comprobarás que cooperar mejora el rendimiento y la convivencia en clase.

EJERCICIOS Y PROBLEMAS

Ejercicios y problemas resueltos. Se muestran **estrategias, sugerencias, pistas y formas de pensar** que te serán útiles para enfrentarte a la resolución de problemas similares.

Hazlo tú. Son ejercicios y problemas para que practiques las estrategias que se acaban de mostrar.

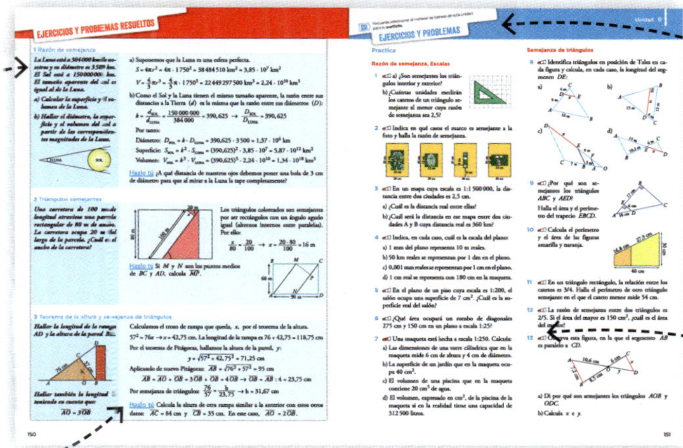

Ejercicios y problemas. Contemplan la aplicación de todos los contenidos que se han ofrecido a lo largo de la unidad.

Están convenientemente **clasificados** y para cada uno de ellos se especifica su **grado de dificultad,** de uno a tres.

TALLER DE MATEMÁTICAS

Aquí puedes encontrar lecturas, actividades, consejos, informaciones, etc.

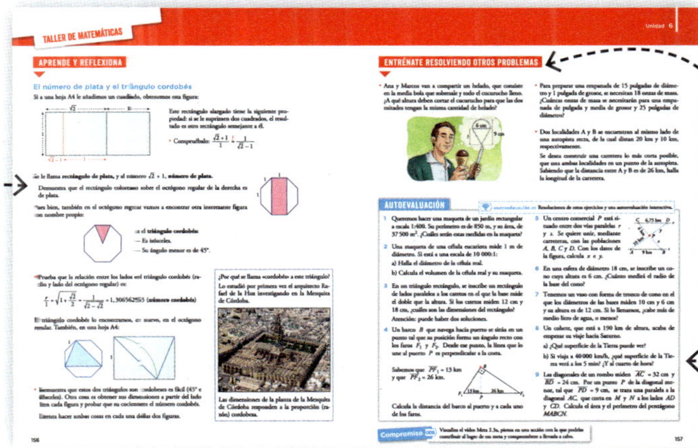

Entrénate resolviendo otros problemas. Aquí tendrás que enfrentarte a situaciones problemáticas en un sentido amplio.

Autoevaluación. Podrás comprobar, intentando resolver las actividades que se te proponen, si tu aprendizaje está siendo el deseado.

Educación emocional

Aprende a conocerte; identifica las situaciones que te generan emociones bloqueantes y gestiónalas con experiencias de autoafirmación constructiva.

Cultura emprendedora

Confía en tus aptitudes y conocimientos, desarrolla la creatividad, adáptate a las situaciones cambiantes y ten una actitud proactiva y responsable.

TIC

Aprende a obtener información, seleccionarla y aplicarla; a planificar, gestionar y elaborar trabajos; a colaborar en Red de forma ética y segura.

Orientación académica y profesional

Valora tus capacidades personales, descubre y despierta tu vocación, entrénate en la toma de decisiones y aprende a orientarte entre distintas opciones.

Evaluación

Descubre diversas estrategias para analizar qué has aprendido y cómo lo has aprendido; entrénate para asumir compromisos o superar dificultades.

ASÍ ES EL PROYECTO DIGITAL

Regístrate en **www.anayaeducacion.es**. Solo necesitas tener un correo electrónico, el código que se indica en la primera página de este libro y el permiso de tu padre, madre, tutor o tutora legales. Así podrás acceder al banco de recursos y descargar el libro digital.

LIBRO DIGITAL

Una versión digital de tu libro, que podrás usar en condiciones *offline* y *online*, con acceso a los recursos digitales tanto agrupados por tipologías como asociados a los contenidos de cada unidad.

BANCO DE RECURSOS

Un espacio con recursos, técnicas y actividades, diseñado para afianzar tus conocimientos.

RECURSOS RELACIONADOS CON LAS CLAVES DEL PROYECTO

Más sobre las claves

Compromiso ODS, con microvídeos que te ayudarán a conocer cuáles son las metas para alcanzar los Objetivos de Desarrollo Sostenible trabajadas en el proyecto.

Plan Lingüístico, con infografías que te darán las pautas para abordar el trabajo por medio de distintos tipos de textos (descriptivo, narrativo, expositivo, etc.).

Desarrollo del pensamiento, donde se incorporan explicaciones sobre cómo aplicar las distintas estrategias de pensamiento planteadas en el proyecto.

Aprendizaje cooperativo, que incluye la descripción de las técnicas de aprendizaje cooperativo propuestas en el proyecto.

Educación emocional, con orientaciones para superar la inquietud generada en diferentes situaciones de tu proceso de aprendizaje (inicio del curso, enfrentarte a un examen, etc.).

TIC, mediante fichas que reforzarán tu uso saludable, correcto y seguro de las tecnologías de la información y la comunicación.

Orientación académica y profesional, con información sobre diferentes profesiones vinculadas a los contenidos tratados en la asignatura.

Evaluación, se presentan orientaciones para hacer tu portfolio, así como rúbricas y dianas que facilitan tu autoevaluación.

RECURSOS DESTACADOS DE LA MATERIA

- Tutoriales
- Actividades con GeoGebra
- Glosario
- Aprende jugando
- Autoevaluaciones

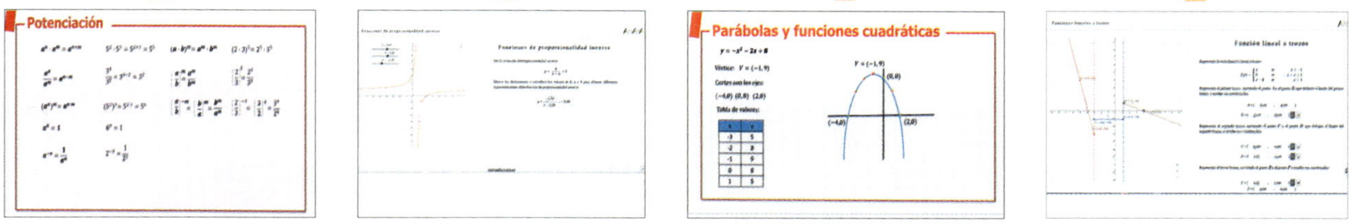

RECURSOS CLASIFICADOS POR UNIDADES

Todos los recursos clasificados para que puedas localizar fácilmente los relacionados con cada apartado de tu unidad.

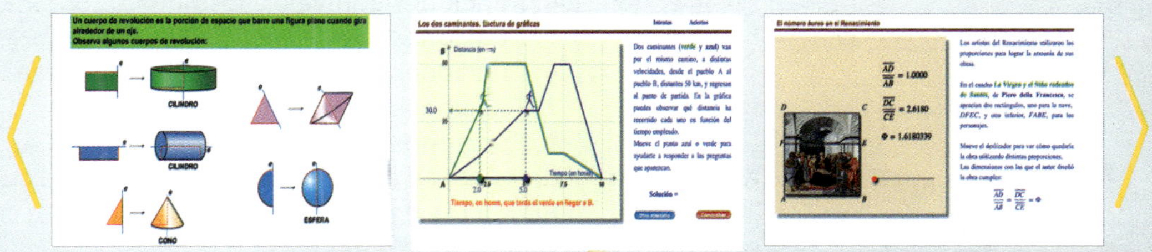

ASÍ SON

LOS CONTENIDOS DEL CURSO

1 NÚMEROS REALES — Pág. 10

2 POLINOMIOS Y FRACCIONES ALGEBRAICAS — Pág. 36

3 ECUACIONES, INECUACIONES Y SISTEMAS — Pág. 62

4 FUNCIONES. CARACTERÍSTICAS — Pág. 88

5 FUNCIONES ELEMENTALES — Pág. 108

6 SEMEJANZA. APLICACIONES — Pág. 136

7 TRIGONOMETRÍA
Pág. 158

8 GEOMETRÍA ANALÍTICA
Pág. 182

9 ESTADÍSTICA
Pág. 208

10 DISTRIBUCIONES BIDIMENSIONALES
Pág. 236

11 COMBINATORIA
Pág. 254

12 CÁLCULO DE PROBABILIDADES
Pág. 274

ARITMÉTIC
Y ÁLGEBR

BLOQUE 1

A

1 NÚMEROS REALES

2 POLINOMIOS Y FRACCIONES ALGEBRAICAS

3 ECUACIONES, INECUACIONES Y SISTEMAS

Recuerda que en **anayaeducacion.es** puedes encontrar orientación académica y profesional relacionada con los contenidos de este bloque.

1

NÚMEROS REALES

Números racionales

Los *números naturales* han sido utilizados por todas las civilizaciones desde la más remota antigüedad.

El papel de los negativos y, sobre todo, del cero, resultó más difícil de concebir. Por ello, los *números enteros* no acabaron de tomar forma hasta finales del siglo VII, en la India. De allí nos llegaron por medio de la cultura árabe en el siglo IX, junto con el sistema de numeración decimal-posicional.

Las *fracciones* se empezaron a utilizar desde muy antiguo, pero su uso al estilo actual se acabó de consolidar hacia el siglo XIV.

Los irracionales

Los *números irracionales* fueron descubiertos, e identificados como tales, por los pitagóricos aproximadamente en el siglo V antes de nuestra era. Sin embargo, no fueron tratados como números, sino como magnitudes geométricas, durante casi 2 000 años.

El número π en la Antigüedad

El número π es irracional. Pero a lo largo de la historia se le han atribuido distintos valores racionales. Algunos de ellos son:

Antiguo Egipto (aprox. siglo XX a. C.) ⟶ 3,16

Antigua Babilonia (aprox. siglo XX a. C.) ⟶ 25/8

Arquímedes (siglo III a. C.) ⟶ 22/7

Tolomeo (siglo II) ⟶ 377/120

Liu Hiu (siglo V) ⟶ 355/113

El conjunto de los números reales

La idea de que los números racionales e irracionales forman parte de un único conjunto con estructura y características muy interesantes es muy reciente. El concepto de *número real*, como ahora lo manejamos, se fue concibiendo y construyendo al evolucionar el estudio de las funciones. Su formalización definitiva, en 1871, se debe al alemán **Cantor.**

Organización de los distintos tipos de números

Los conjuntos de números que conocemos están bien estructurados:

- Los naturales, $\mathbb{N}$.
- Si a estos les añadimos sus opuestos (negativos), obtenemos el conjunto de los enteros, $\mathbb{Z}$.
- Si a los enteros les añadimos los fraccionarios, obtenemos los racionales, $\mathbb{Q}$.
- Si a los racionales les añadimos los no racionales, ¿conseguiremos un conjunto bien estructurado?

- RACIONALES $\mathbb{Q}$
  - ENTEROS $\mathbb{Z}$
    - NATURALES $\mathbb{N}$ → $0,\ 7,\ 15,\ \frac{33}{11},\ \sqrt[3]{32},\ \dots$
    - ENTEROS NEGATIVOS → $-13,\ -48,\ -\frac{24}{6},\ \sqrt[3]{-27},\ \dots$
  - FRACCIONARIOS (racionales no enteros) → $8{,}92;\ -15{,}8\widehat{63};\ \frac{7}{11};\ -\frac{87}{5};\ \dots$
- NO RACIONALES → $\sqrt{2},\ \sqrt{5},\ -\sqrt{8},\ \sqrt[3]{4},\ \dots$

Resuelve

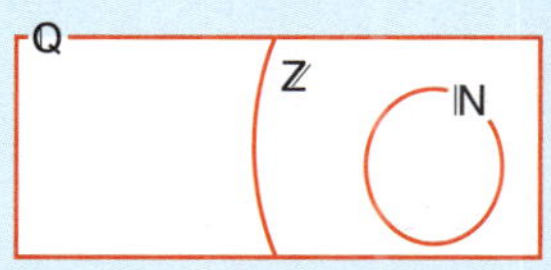

1 a) Escribe tres números naturales y tres números enteros que no sean naturales.

b) Escribe tres números racionales que no sean enteros y tres números que no sean racionales.

c) Sitúa, en tu cuaderno, los números anteriores en un esquema como el que ves al principio del ejercicio.

2 Sabiendo que el valor de π es 3,14159265359… da una cota del error cometido en cada una de las aproximaciones de la página anterior.

Por ejemplo: $\frac{377}{120} = 3{,}141\boxed{6}66\dots$ / $3{,}141\boxed{5}92\dots$ } El error es menor que 1 diezmilésima: error < 0,0001

1 NÚMEROS IRRACIONALES

Números racionales son los que se pueden poner como cociente de dos números enteros. Su expresión decimal es exacta o periódica.

Números irracionales son los no racionales, es decir, los que no pueden obtenerse como cociente de dos números enteros. Su expresión decimal es infinita no periódica. Por ejemplo, $\pi = 3{,}14159265359\ldots$

Hay infinitos números irracionales, algunos de los cuales son especialmente interesantes. Veamos algunos.

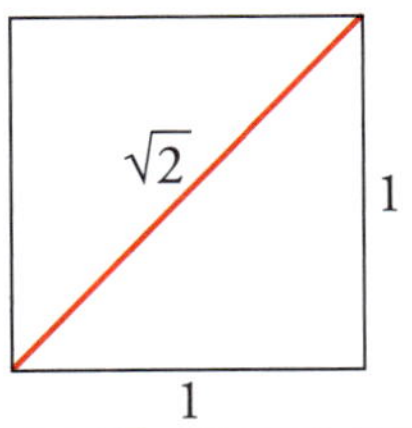

Ten en cuenta

En la descomposición en factores primos de un cuadrado perfecto, cada número primo está un número par de veces. Por ejemplo:

$$N = 2^2 \cdot 3 \cdot 5^3$$

$$N^2 = (2^2 \cdot 3 \cdot 5^3)^2 = 2^4 \cdot 3^2 \cdot 5^6$$

Todos los exponentes son pares.

La diagonal del cuadrado: el número $\sqrt{2}$

El teorema de Pitágoras nos proporciona el valor de la diagonal de un cuadrado de lado 1:

$$d = \sqrt{1^2 + 1^2} = \sqrt{2}$$

Vamos a demostrar que $\sqrt{2}$ es irracional, es decir, que **no se puede poner como cociente de dos números enteros.** Lo haremos por *reducción al absurdo* (suponer que sí y ver que se llega a un absurdo).

— Suponemos que $\sqrt{2}$ es racional.

— En tal caso, se podría poner como cociente de dos números enteros: $\sqrt{2} = \frac{a}{b}$

— Elevamos al cuadrado los dos miembros: $2 = \frac{a^2}{b^2} \to a^2 = 2b^2$

Como b^2 es un cuadrado perfecto, contiene el factor 2 un número par de veces. Por tanto, $2b^2$ tiene el factor 2 un número impar de veces, lo cual es imposible por ser $2b^2 = a^2$ otro cuadrado perfecto.

De este modo, completamos el siguiente razonamiento: «Si suponemos que $\sqrt{2}$ es racional, llegamos a un absurdo».

Y así hemos demostrado, *por reducción al absurdo*, que $\sqrt{2}$ no es racional.

Otros irracionales expresados mediante radicales

Por lo mismo que $\sqrt{2}$, si p no es cuadrado perfecto, $\sqrt{p}$ es irracional.

> Si p no es una potencia n-ésima exacta, $\sqrt[n]{p}$ es un número irracional.

Por ejemplo, $\sqrt{8}$, $\sqrt[3]{9}$ y $\sqrt[5]{10}$ son irracionales.

> El resultado de operar un número racional con uno irracional es irracional (salvo la multiplicación por cero).

Por ejemplo, son irracionales $\sqrt{2} + 3$, $4 - \sqrt[5]{10}$, $\sqrt[3]{9} : 7$.

Probemos que $4 - \sqrt[5]{10}$ es irracional basándonos en que $\sqrt[5]{10}$ lo es.

— Llamamos $N = 4 - \sqrt[5]{10} \to \sqrt[5]{10} = 4 - N$.

— Si N fuese racional, $4 - N$ también lo sería. Es decir, $\sqrt[5]{10}$ lo sería, lo cual es falso.

anayaeducacion.es
Reconoce números irracionales.

Piensa y practica

1 Demuestra que los números siguientes son irracionales: a) $\sqrt{3}$ b) $4\sqrt{3}$ c) $5 + 4\sqrt{3}$

Estrella pitagórica

Esta figura, formada con las cinco diagonales de un pentágono regular, era el símbolo de los pitagóricos.

anayaeducacion.es

Curiosidades sobre el número π y otros irracionales.

Ten en cuenta

A diferencia de $\sqrt{2}$, $\sqrt{5}$, Φ y otros números irracionales, los números π y e no se pueden representar de forma exacta sobre la recta real.

Catenaria

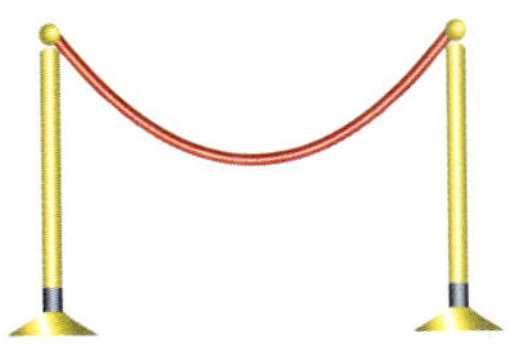

$$y = \frac{e^x + e^{-x}}{2}$$

El número de oro: $\Phi = \dfrac{\sqrt{5}+1}{2}$

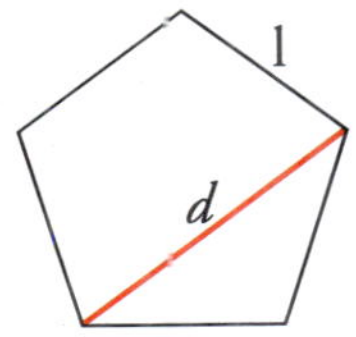

$d = \Phi$

La diagonal de un pentágono de lado unidad es el número $\left(\sqrt{5}+1\right) : 2$ que, evidentemente, es irracional. Además, es, históricamente, el primer número del que se tuvo conciencia de que lo era.

Los artistas griegos consideraron que las proporciones basadas en el número Φ resultaban especialmente armoniosas. Por eso, al número Φ lo llamaron **número áureo.**

El nombre, Φ (fi, letra «F» en griego), es la inicial de **Fidias,** escultor griego del siglo V a. C. que utilizó reiteradamente esta razón.

El número π

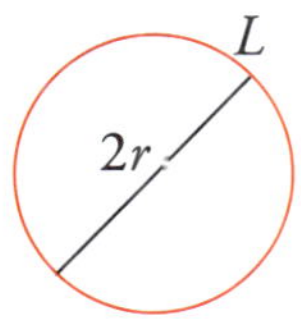

$\dfrac{L}{2r} = \pi$

Como sabes, π es la relación entre la longitud de una circunferencia y su diámetro. Este número lo conoces y lo utilizas desde hace muchos años.

Se trata de un número irracional y, por tanto, tiene infinitas cifras decimales no periódicas.

π es la letra griega correspondiente a la «p». ¿Por qué este nombre? La palabra griega *perifereia* significa «circunferencia» (la periferia del círculo).

El número e

Otro número irracional fundamental en matemáticas es el número e, llamado así en honor a Leonhard Euler, uno de los matemáticos más importantes de la historia.

Su valor aproximado es 2,7182… y lo vamos a encontrar, a partir de ahora, en muchas situaciones:

— Para describir el proceso de crecimiento en una población animal o vegetal, se utiliza una función exponencial en la que aparece el número e.

— También, para describir el remanente de radiactividad, con el paso del tiempo, en una sustancia radiactiva.

— Y si colgamos una cadena, un cable, una cuerda… con sus extremos a la misma altura, la curva que forma (catenaria) se describe, también, con el número e.

Piensa y practica

2 Justifica que estas construcciones dan un segmento de medida igual a $\Phi = \dfrac{\sqrt{5}+1}{2} = \dfrac{\sqrt{5}}{2} + \dfrac{1}{2}$.

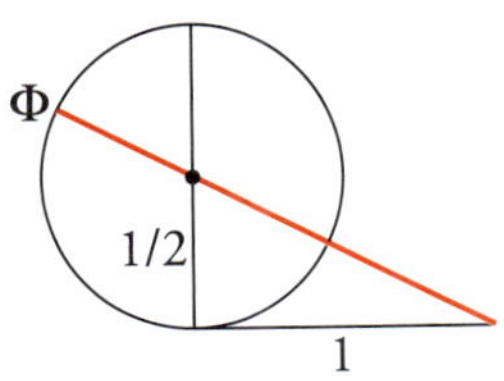

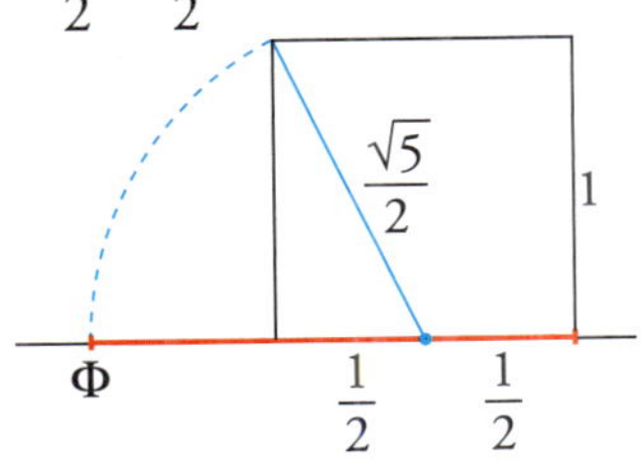

3 Demuestra que el número áureo, Φ, es irracional.

4

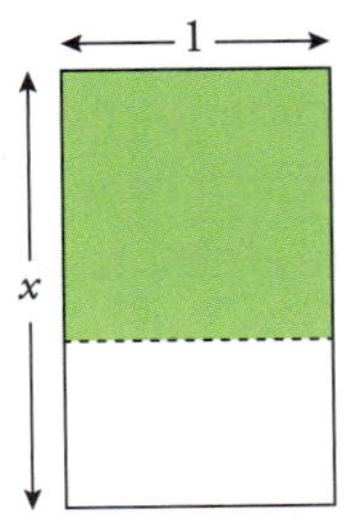

Este rectángulo tiene la peculiaridad de que si le suprimimos un cuadrado, el rectángulo que queda es semejante al inicial.

Demuestra que su lado mayor es $x = \Phi$.

2 NÚMEROS REALES: LA RECTA REAL

El conjunto formado por los números racionales y los irracionales se llama **conjunto de números reales** y se designa por $\mathbb{R}$.

Es decir, tanto los **racionales** como los **irracionales** son números **reales.** Y estos son todos. Con el conjunto $\mathbb{R}$ podemos completar la tabla de conjuntos numéricos:

- REALES $\mathbb{R}$
  - RACIONALES $\mathbb{Q}$
    - ENTEROS $\mathbb{Z}$
      - NATURALES $\mathbb{N}$ → $0,\ 4,\ \frac{24}{6},\ \sqrt{121}$
      - ENTEROS NEGATIVOS → $-11,\ -\frac{27}{3},\ \sqrt[3]{-8}$
    - FRACCIONARIOS → $5{,}84;\ \frac{1}{2};\ 5{,}\widehat{83};\ -\frac{3}{10}$
  - IRRACIONALES → $\sqrt{2},\ \sqrt{3},\ \Phi,\ \pi,\ -\sqrt{5}+2,\ \frac{2+\sqrt{3}}{5}$

Con los números reales podemos realizar las mismas operaciones que se hacen con los racionales: suma, resta, multiplicación y división (salvo por el cero) y se mantienen las mismas propiedades.

También podemos extraer raíces de cualquier índice (salvo raíces de índice par de números negativos) y el resultado sigue siendo un número real. Eso no ocurría con los números racionales.

Observemos que los conjuntos $\mathbb{N}$, $\mathbb{Z}$, $\mathbb{Q}$ y, ahora también, $\mathbb{R}$ son **cerrados** para las operaciones suma y producto; es decir, tanto la suma como el producto de dos elementos de uno de los conjuntos es también un elemento de ese conjunto. Y eso no ocurre ni con los enteros negativos, ni con los fraccionarios ni con los irracionales: la suma de dos irracionales puede ser racional (por ejemplo: $(1+\sqrt{2})+(3-\sqrt{2})=4$) y también el producto de dos irracionales puede ser racional (por ejemplo: $\sqrt{2}\cdot\sqrt{8}=4$).

Ten en cuenta

Existen otros conjuntos de números que tal vez estudies en otros cursos; pero $\mathbb{R}$ llena la recta numérica y no deja huecos, como veremos a continuación.

Observa

La suma de dos números fraccionarios no tiene por qué ser una fracción. Por ejemplo:

$$\frac{1}{3}+\frac{5}{3}=\frac{6}{3}=2$$

Y el resultado de multiplicar dos enteros negativos no es un entero negativo. Por ejemplo:

$$(-2)\cdot(-3)=6$$

La recta real

Los números racionales, como sabemos, se sitúan en la recta de forma *densa*, es decir, de modo que en cada tramo, por pequeño que sea, hay infinitos. Sin embargo, y aunque parezca raro, hay infinitos huecos entre ellos. Estos huecos son ocupados por los números irracionales. Entre todos llenan la recta.

Si en una recta situamos un origen (el cero, 0) y marcamos la longitud unidad, a cada punto le corresponde un número racional o un número irracional. Es decir, *a cada punto de la recta le corresponde un número real*. Por eso, a la recta numérica la llamamos **recta real.**

Una vez situados todos los números reales, podemos asegurar que entre cada dos de ellos, por próximos que se encuentren, hay infinitos números racionales e infinitos números irracionales.

No lo olvides

La recta real es **completa,** es decir, **a cada punto de la recta le corresponde un número real** y a cada número real un punto de la recta.

Ejemplo

Representación de $\frac{5}{6}$:

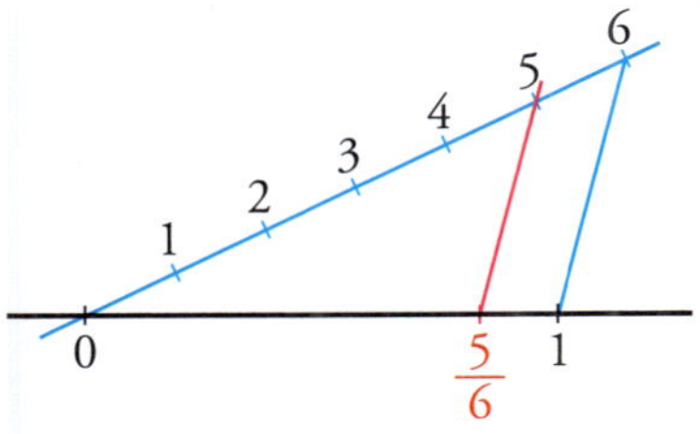

Representación de números sobre la recta real

➜ REPRESENTACIÓN DE NÚMEROS FRACCIONARIOS MEDIANTE EL TEOREMA DE TALES

Observa cómo situamos sobre la recta real el número $\frac{14}{5}$ utilizando el teorema de Tales:

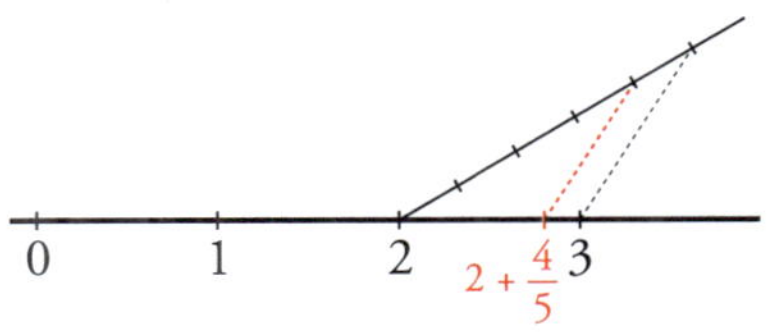

$$\frac{14}{5} = 2 + \frac{4}{5}$$

➜ REPRESENTACIÓN DE RADICALES MEDIANTE EL TEOREMA DE PITÁGORAS

El siguiente procedimiento permite representar $\sqrt{n}$ para cualquier $n \in \mathbb{N}$:

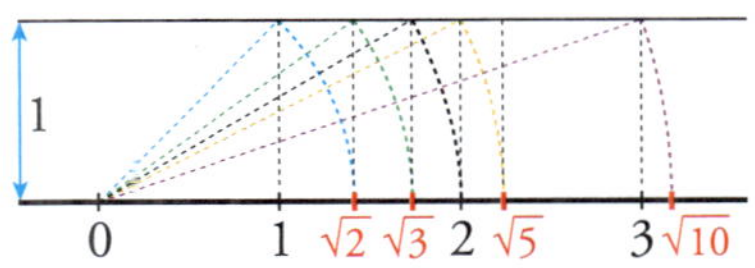

Por ejemplo:

$$\sqrt{3} = \sqrt{(\sqrt{2})^2 + 1^2}$$

$$\sqrt{10} = \sqrt{3^2 + 1^2}$$

Sin embargo, la mayor parte de los números reales no pueden ser representados de forma exacta por este tipo de procedimientos. Por ejemplo, ¿cómo representaríamos $\sqrt[5]{842}$? Lo usual es recurrir a una *representación aproximada.*

➜ REPRESENTACIÓN APROXIMADA DE NÚMEROS REALES

La representación de un número real dado mediante su expresión decimal puede hacerse con tanta aproximación como se desee. Por ejemplo, $\sqrt[5]{842} = 3{,}8464...$:

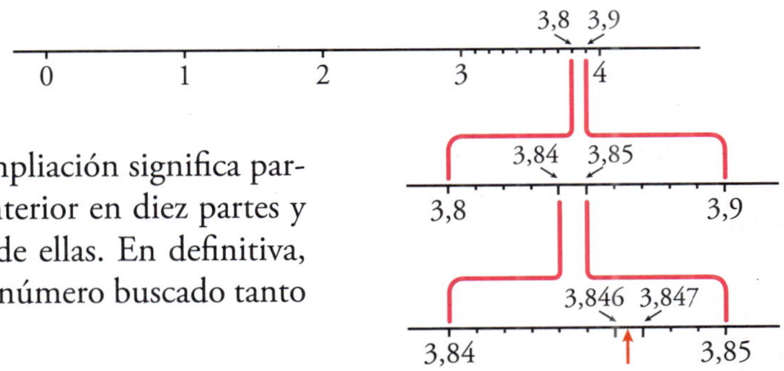

Observa que cada ampliación significa partir el subintervalo anterior en diez partes y quedarnos con una de ellas. En definitiva, nos aproximamos al número buscado tanto como queramos.

anayaeducacion.es GeoGebra.
Representación de números en la recta real.

> Los números reales pueden ser representados en la recta real, según los casos, de forma exacta, o bien con tanta aproximación como queramos.

Piensa y practica

1 a) Justifica que el punto representado es $\sqrt{21}$.

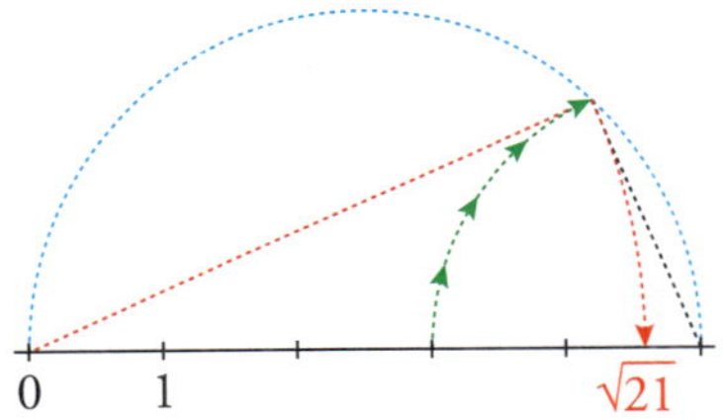

b) Representa $\sqrt{27}$ $(27 = 36 - 9)$ y $\sqrt{40}$ $(40 = 36 + 4)$.

2 ¿Qué número es el que hemos señalado con una flecha?

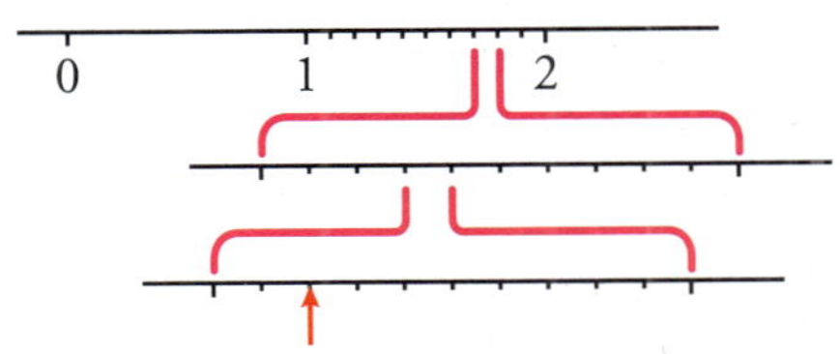

Representa, del mismo modo, el 2,716.

3 TRAMOS DE LA RECTA REAL: INTERVALOS Y SEMIRRECTAS

En el mundo científico, con frecuencia es necesario precisar el ámbito de validez de una cierta variable. Por ejemplo, «el periodo de tiempo comprendido entre 3 s y 11 s». Para ello, hemos de aprender a designar algunos tramos de la recta real con una nomenclatura adecuada.

Intervalo abierto

El **intervalo abierto** (a, b) es el conjunto de todos los números comprendidos entre a y b, sin incluir ni a ni b: $\{x \mid a < x < b\}$.

Se representa así:

Por ejemplo, el intervalo $(-2, 1)$ está formado por los números reales comprendidos entre -2 y 1, sin incluir ni -2 ni 1: $\{x \mid -2 < x < 1\}$.

Otro ejemplo: para construir una caja con una cartulina de 10 cm × 15 cm, hemos de cortar de sus esquinas cuatro cuadrados iguales y, después, plegar. El lado de los cuadrados debe ser, pues, menor que 5 cm $\rightarrow$ $(0, 5)$.

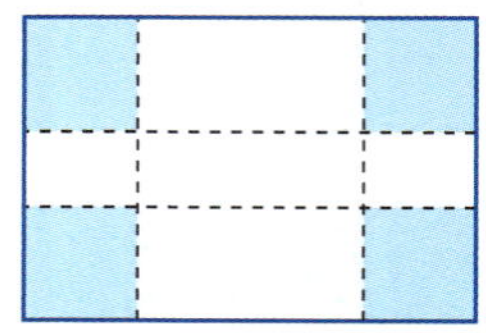

Intervalo abierto

$(a, b) = \{x \mid a < x < b\}$

La expresión anterior se lee así:

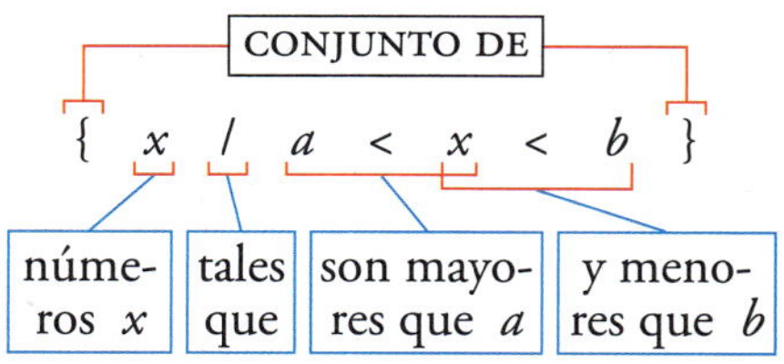

Intervalo cerrado

El **intervalo cerrado** $[a, b]$ es el conjunto de todos los números comprendidos entre a y b, ambos incluidos: $\{x \mid a \le x \le b\}$.

Se representa así:

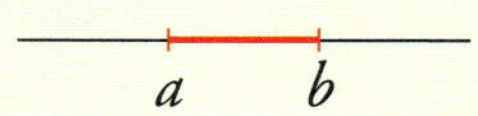

Por ejemplo, el intervalo $[-2, 1]$ está formado por los números reales comprendidos entre -2 y 1, incluyendo el -2 y el 1: $\{x \mid -2 \le x \le 1\}$.

Otro ejemplo: solo admitimos paquetes que pesen 2 kg o más, pero que no superen los 5 kg $\rightarrow$ $[2, 5]$.

Intervalo cerrado

$[a, b] = \{x \mid a \le x \le b\}$

Intervalo semiabierto

- El **intervalo** $(a, b]$ es el conjunto de todos los números comprendidos entre a y b, incluyendo b pero no a: $\{x \mid a < x \le b\}$.

  Se representa así:

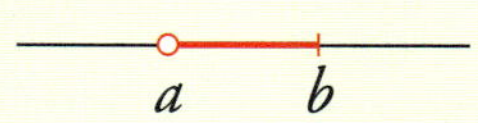

- El **intervalo** $[a, b)$ es el conjunto de todos los números comprendidos entre a y b, incluyendo a pero no b: $\{x \mid a \le x < b\}$.

  Se representa así:

Por ejemplo, el intervalo $(3, 4]$ está formado por los números reales comprendidos entre 3 y 4, incluyendo el 4 pero no el 3: $\{x \mid 3 < x \le 4\}$.

Otro ejemplo: en esta guardería se admiten niños que hayan cumplido 1 año pero que aún no tengan 4 años $\rightarrow$ $[1, 4)$.

Intervalo semiabierto

$(a, b] = \{x \mid a < x \le b\}$

$[a, b) = \{x \mid a \le x < b\}$

Semirrectas

$(-\infty, a) = \{x \ / \ x < a\}$ 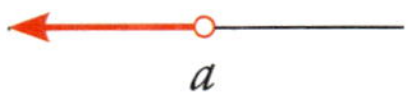

$(-\infty, a] = \{x \ / \ x \le a\}$ 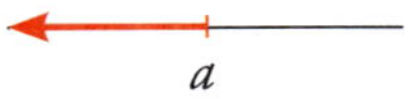

$(a, +\infty) = \{x \ / \ x > a\}$ 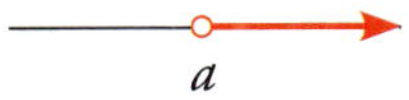

$[a, +\infty) = \{x \ / \ x \ge a\}$ 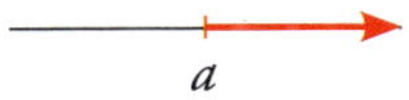

Observa

La **unión** de dos intervalos o semirrectas se representa por $\cup$:

$$(-\infty, 2) \cup (0, 5] = (-\infty, 5]$$

La **intersección** de dos intervalos o semirrectas se representa por $\cap$:

$$(-\infty, 2) \cap (0, 5] = (0, 2)$$

Semirrectas y recta real

$(-\infty, a)$	son los números menores que a: $\{x \ / \ x < a\}$.
$(-\infty, a]$	son los números menores que a y el propio a: $\{x \ / \ x \le a\}$.
$(a, +\infty)$	son los números mayores que a: $\{x \ / \ x > a\}$.
$[a, +\infty)$	son los números mayores que a y el propio a: $\{x \ / \ x \ge a\}$.

- $(-\infty, 2)$ es el conjunto $\{x \ / \ x < 2\}$ → 

- $[2, +\infty)$ es el conjunto $\{x \ / \ x \ge 2\}$ → 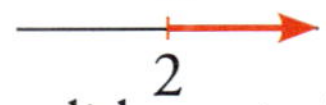

- Para votar, hay que tener 18 años cumplidos → $[18, +\infty)$. Naturalmente, el $+\infty$, en este contexto real, hay que relativizarlo.

La propia recta real se representa en forma de intervalo así: **$\mathbb{R} = (-\infty, +\infty)$.**

Cuando no hay ningún número que cumple una condición concreta, se representa mediante el **conjunto vacío,** cuyo símbolo es $\varnothing$. Por ejemplo, los números x tales que $x^2 < 0$ corresponden al conjunto vacío: $\{x \in \mathbb{R} \ / \ x^2 < 0\} = \varnothing$.

Ejercicios resueltos

1 ***Escribir en forma de intervalo y representar:***

a) $2 < x \le 3$ ***b)*** $x \le 1$

c) $x > 0$

a) Intervalo semiabierto $(2, 3]$ 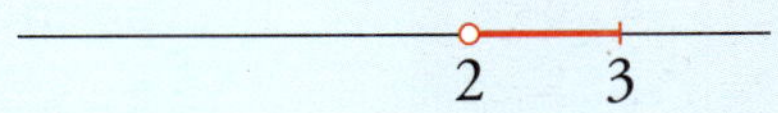

b) Semirrecta $(-\infty, 1]$ 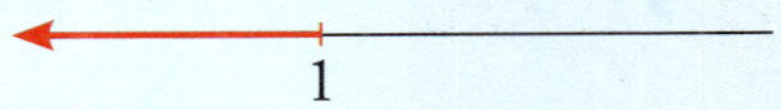

c) Semirrecta $(0, +\infty)$ 

2 ***Escribir en forma de desigualdad y representar:***

a) $[-2, 0]$ ***b)*** $[-1, +\infty)$

c) $(0, 1)$

a) $\{x \ / \ -2 \le x \le 0\}$ 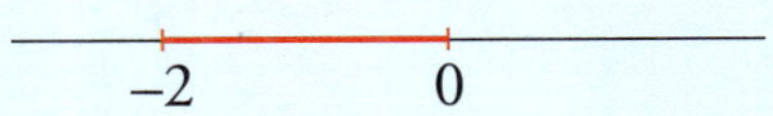

b) $\{x \ / \ x \ge -1\}$ 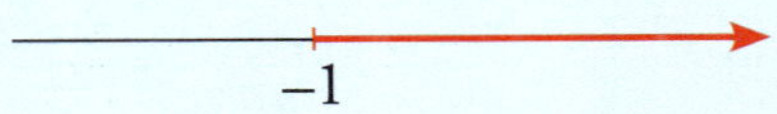

c) $\{x \ / \ 0 < x < 1\}$ 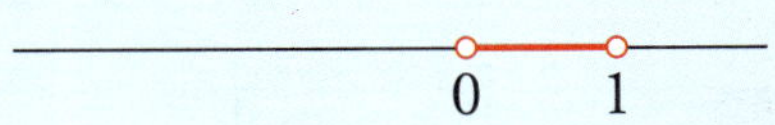

3 ***¿Para qué valores de x es válida la siguiente expresión?***

$$\sqrt{(x+2)(x-3)}$$

La raíz cuadrada puede efectuarse cuando el radicando es cero o positivo. Y esto ocurre cuando uno de los factores es cero, ambos son negativos o ambos son positivos. Es decir, si $x \le -2$ o si $x \ge 3$.

$(-\infty, -2] \cup [3, +\infty)$ 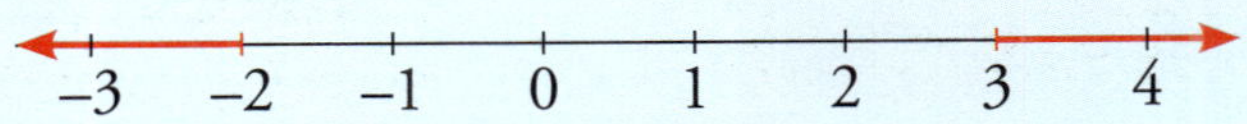

Piensa y practica

1 Escribe los conjuntos siguientes en forma de intervalo y representa los números que cumplen las condiciones indicadas en cada caso:

a) Comprendidos entre 5 y 6, ambos incluidos.

b) Mayores que 7.

c) Menores o iguales que –5.

anayaeducacion.es GeoGebra. Intervalos en la recta real.

2 Escribe en forma de intervalo y representa.

a) $\{x \ / \ 3 \le x < 5\}$ b) $\{x \ / \ x \ge 0\}$

c) $\{x \ / \ -3 < x < 1\}$ d) $\{x \ / \ x < 8\}$

3 Escribe en forma de desigualdad y representa.

a) $(-1, 4]$ b) $[0, 6]$ c) $(-\infty, -4)$ d) $[9, +\infty)$

4 RAÍCES Y RADICALES

Cálculo mental

1. Di el valor de k en cada caso:

a) $\sqrt[3]{k} = 2$ b) $\sqrt[k]{-243} = -3$

c) $\sqrt[4]{k} = \frac{2}{3}$ d) $\sqrt[k]{1\,024} = 2$

2. Calcula las raíces siguientes:

a) $\sqrt[3]{-8}$ b) $\sqrt[5]{32}$

c) $\sqrt[5]{-32}$ d) $\sqrt[8]{0}$

e) $\sqrt[4]{81}$ f) $\sqrt[3]{125}$

Se llama **raíz *n*-ésima** de un número a, y se escribe $\sqrt[n]{a}$, a un número b que cumple la siguiente condición:

$$\sqrt[n]{a} = b \text{ si } b^n = a$$

$\sqrt[n]{a}$ se llama **radical;** a, **radicando,** y n, **índice** de la raíz.

Cuando manejes expresiones como esta, habrá ocasiones en las que debas calcular el valor numérico. Para ello, deberás tener en cuenta la definición, como en las que se proponen en este margen, o bien recurrir a la calculadora. Pero en otros casos deberás mantener el radical, simplificarlo, operar con otros radicales, etcétera.

Algunas peculiaridades de las raíces

- Si $a \geq 0$, $\sqrt[n]{a}$ existe cualquiera que sea n.
- Si $a < 0$, solo existen sus raíces de índice impar.
- Aunque 4 tiene dos raíces cuadradas, cuando escribimos $\sqrt{4}$ nos referimos a la positiva: $\sqrt{4} = 2$.

  En general, un número positivo, a, tiene dos raíces cuadradas: $\sqrt{a}$ y $-\sqrt{a}$.

Forma exponencial de los radicales

Atención

$$\sqrt[n]{a} = a^{\frac{1}{n}}$$

$$\sqrt[n]{a^m} = a^{\frac{m}{n}}$$

Los radicales se pueden expresar como potencias:

$$\sqrt[n]{a} = a^{\frac{1}{n}}, \text{ pues } (a^{\frac{1}{n}})^n = a^{\frac{n}{n}} = a^1 = a$$

$$\sqrt[n]{a^m} = a^{\frac{m}{n}}, \text{ pues } \sqrt[n]{a^m} = (a^m)^{\frac{1}{n}} = a^{m \cdot \frac{1}{n}} = a^{\frac{m}{n}}$$

Por ejemplo:

$$\left(\sqrt[6]{27}\right)^2 = \left(\sqrt[6]{3^3}\right)^2 = (3^{3/6})^2 = 3^{6/6} = 3$$

$$\sqrt[3]{64} = \sqrt[3]{2^6} = 2^{6/3} = 2^2 = 4$$

anayaeducacion.es
Actividades para recordar las propiedades de las potencias.

Piensa y practica

1 Expresa en forma exponencial cada una de las siguientes raíces:

a) $\sqrt[5]{x}$ b) $\left(\sqrt[3]{x^2}\right)^5$

c) $\sqrt[15]{a^6}$ d) $\sqrt{\dfrac{a^{13}}{a^6}}$

e) $\sqrt[6]{\dfrac{x^3}{x^2}}$ f) $\left[\left(\sqrt[5]{\dfrac{x^4}{x}}\right)^2\right]^4$

2 Calcula.

a) $4^{1/2}$ b) $125^{1/3}$ c) $625^{1/4}$

d) $8^{2/3}$ e) $64^{5/6}$ f) $36^{3/2}$

3 Expresa en forma radical.

a) $x^{7/9}$ b) $(m^5 \cdot n^5)^{1/3}$

c) $a^{1/2} \cdot b^{1/3}$ d) $[(x^2)^{1/3}]^{1/5}$

e) $[(x^{1/2})^5]^{1/3}$ f) $(y^3 \cdot z^2)^{2/3}$

Operaciones con radicales

Los radicales tienen una serie de propiedades que debemos conocer y utilizar con soltura. Las iremos enumerando en el margen de esta página y en el de la siguiente. Todas ellas son consecuencias inmediatas de conocidas propiedades de las potencias.

Y prestaremos especial atención a las operaciones que con ellas se propician.

Propiedad 1

$\sqrt[np]{a^p} = \sqrt[n]{a}$, pues:

$\sqrt[np]{a^p} = a^{p/np} = a^{1/n} = \sqrt[n]{a}$

Propiedad 2

$\sqrt[n]{a \cdot b} = \sqrt[n]{a} \cdot \sqrt[n]{b}$, pues:

$\sqrt[n]{a \cdot b} = (a \cdot b)^{1/n} =$

$= a^{1/n} \cdot b^{1/n} =$

$= \sqrt[n]{a} \cdot \sqrt[n]{b}$

Propiedad 3

$\sqrt[n]{\frac{a}{b}} = \frac{\sqrt[n]{a}}{\sqrt[n]{b}}$, pues:

$\sqrt[n]{\frac{a}{b}} = \left(\frac{a}{b}\right)^{1/n} = \frac{a^{1/n}}{b^{1/n}} = \frac{\sqrt[n]{a}}{\sqrt[n]{b}}$

anayaeducacion.es

Practica las operaciones con radicales.

→ SIMPLIFICACIÓN DE RADICALES

Expresando los radicales en forma de potencia, vemos que, a veces, se pueden simplificar. Por ejemplo:

$$\sqrt[4]{9} = \sqrt[4]{3^2} = 3^{2/4} = 3^{1/2} = \sqrt{3}$$

Hemos aplicado la propiedad 1 (ver margen).

→ REDUCCIÓN DE RADICALES A ÍNDICE COMÚN

Cuando queremos comparar dos radicales de distinto índice, no siempre resulta fácil. Si los expresamos con el mismo índice, es mucho más sencillo. En realidad, se trata simplemente de reducir a común denominador.

Por ejemplo, para comparar $\sqrt[3]{586}$ con $\sqrt{70}$,

$$\left.\begin{array}{l} \sqrt[3]{586} = 586^{1/3} = 586^{2/6} = \sqrt[6]{586^2} = \sqrt[6]{343\,396} \\ \sqrt{70} = 70^{1/2} = 70^{3/6} = \sqrt[6]{70^3} = \sqrt[6]{343\,000} \end{array}\right\} \to \sqrt[3]{586} > \sqrt{70}$$

Hemos vuelto a aplicar la propiedad 1 (ver margen).

→ EXTRACCIÓN DE FACTORES FUERA DE UNA RAÍZ

Para simplificar algunos radicales, y para sumarlos y restarlos, a veces será necesario sacar factores fuera de una raíz. Veamos algunos ejemplos:

$$\sqrt{18} = \sqrt{3^2 \cdot 2} = \sqrt{3^2} \cdot \sqrt{2} = 3\sqrt{2}$$

$$\sqrt{720} = \sqrt{2^4 \cdot 3^2 \cdot 5} = \sqrt{2^4} \cdot \sqrt{3^2} \cdot \sqrt{5} = 2^2 \cdot 3 \cdot \sqrt{5} = 12\sqrt{5}$$

Hemos aplicado la propiedad 2 (ver margen).

→ PRODUCTO Y COCIENTE DE RADICALES DEL MISMO ÍNDICE

Por ejemplo: $\sqrt{15} \cdot \sqrt{20} = \sqrt{15 \cdot 20} = \sqrt{300}$ (propiedad 2, ver margen)

$$\frac{\sqrt{15}}{\sqrt{20}} = \sqrt{\frac{15}{20}} = \sqrt{\frac{3}{4}} \text{ (propiedad 3, ver margen)}$$

→ SIMPLIFICACIÓN DE PRODUCTOS Y COCIENTES DE RADICALES

Por ejemplo: $\sqrt{3} \cdot \sqrt[3]{2} = \sqrt[6]{3^3} \cdot \sqrt[6]{2^2} = \sqrt[6]{3^3 \cdot 2^2} = \sqrt[6]{108}$

$$\frac{\sqrt[3]{16}}{\sqrt[6]{32}} = \frac{\sqrt[6]{16^2}}{\sqrt[6]{32}} = \sqrt[6]{\frac{(2^4)^2}{2^5}} = \sqrt[6]{\frac{2^8}{2^5}} = \sqrt[6]{2^3} = \sqrt{2}$$

Hemos aplicado las propiedades 1, 2 y 3 (ver margen).

Propiedad 4

$\left(\sqrt[n]{a}\right)^p = \sqrt[n]{a^p}$, pues:

$\left(\sqrt[n]{a}\right)^p = (a^{1/n})^p = a^{p/n} = \sqrt[n]{a^p}$

Propiedad 5

$\sqrt[m]{\sqrt[n]{a}} = \sqrt[m \cdot n]{a}$, pues:

$\sqrt[m]{\sqrt[n]{a}} = (a^{1/n})^{1/m} = a^{1/m \cdot n} = \sqrt[m \cdot n]{a}$

Recuerda

Solo se pueden sumar los radicales idénticos.

anayaeducacion.es
Actividades para reforzar tus conocimientos sobre radicales.

➜ POTENCIA DE UN RADICAL

Por ejemplo:

$$\left(\sqrt{2^3}\right)^4 = \sqrt{2^{12}} = 2^{12/2} = 2^6 = 64$$

$$\left(\sqrt[5]{2}\right)^3 = \sqrt[5]{2^3} = \sqrt[5]{8}$$

Hemos aplicado la propiedad 4 (ver margen).

➜ RAÍZ DE UN RADICAL

Por ejemplo:

$$\sqrt[3]{\sqrt{2}} = \sqrt[6]{2}$$

$$\sqrt[4]{\sqrt[3]{5}} = \sqrt[12]{5}$$

Hemos aplicado la propiedad 5 (ver margen).

➜ SUMA Y RESTA DE RADICALES

Dos radicales distintos no pueden sumarse si no es obteniendo sus expresiones decimales aproximadas. Únicamente pueden sumarse radicales idénticos. Por ejemplo:

$$\left.\begin{array}{l}\sqrt{3} + \sqrt{2} \\ \sqrt{7} - \sqrt[3]{7}\end{array}\right\}$$ Solo pueden realizarse de forma aproximada, o bien hay que dejarlas indicadas.

Sí puede simplificarse la expresión siguiente:

$$7\sqrt{5} + 11\sqrt{5} - \sqrt{5} = 17\sqrt{5}$$

Hay casos en los que la posibilidad de simplificar una suma de radicales queda oculta. Previamente, deberemos sacar los factores que podamos fuera de las raíces, o simplificarlas. Por ejemplo:

$$\sqrt{32} + 5\sqrt{18} - \sqrt{50} = \sqrt{2^5} + 5\sqrt{3^2 \cdot 2} - \sqrt{5^2 \cdot 2} =$$
$$= 4\sqrt{2} + 15\sqrt{2} - 5\sqrt{2} = 14\sqrt{2}$$

$$\sqrt{8} + \sqrt[4]{4} = \sqrt{2^3} + \sqrt[4]{2^2} = 2\sqrt{2} + \sqrt{2} = 3\sqrt{2}$$

Piensa y practica

4 Simplifica.

a) $\sqrt[12]{x^9}$ b) $\sqrt[12]{x^8}$ c) $\sqrt[5]{y^{10}}$

d) $\sqrt[6]{8}$ e) $\sqrt[9]{64}$ f) $\sqrt[8]{81}$

5 ¿Cuál de los dos es mayor en cada caso?

a) $\sqrt[4]{31}$ y $\sqrt[3]{13}$

b) $\sqrt[3]{51}$ y $\sqrt[9]{132\,650}$

6 Reduce.

a) $\sqrt[3]{2} \cdot \sqrt[5]{2}$ b) $\sqrt[3]{6} \cdot \sqrt[6]{3}$ c) $\sqrt[10]{a^4 b^6}$

7 Saca del radical los factores que sea posible.

a) $\sqrt[3]{32x^4}$ b) $\sqrt[3]{81a^3b^5c}$ c) $\sqrt[5]{64}$

8 Simplifica.

a) $\dfrac{\sqrt{9}}{\sqrt[3]{3}}$ b) $\dfrac{\sqrt[5]{16}}{\sqrt{2}}$ c) $\dfrac{\sqrt[4]{a^3b^5c}}{\sqrt{ab^3c^3}}$

d) $\left(\sqrt[3]{a^2}\right)^6$ e) $\left(\sqrt{x}\right)^3 \cdot \left(\sqrt[3]{x}\right)$ f) $\left(\sqrt{\sqrt{\sqrt{2}}}\right)^8$

9 Efectúa.

a) $\sqrt{18} + \sqrt{50} - \sqrt{2} - \sqrt{8}$ b) $\sqrt{75} + 2\sqrt{27} - \sqrt{48}$

Racionalización del denominador

Antiguamente, cuando no existían instrumentos de cálculo como los de ahora, había que esmerarse en conseguir métodos para aliviar las operaciones. Por ejemplo, para calcular a mano $\frac{1}{\sqrt{2}}$, se puede hacer directamente (calcular unas cuantas cifras de $\sqrt{2}$ y luego dividir 1 entre el resultado). Pero los cálculos se simplifican extraordinariamente si se tiene en cuenta que:

$$\frac{1}{\sqrt{2}} = \frac{1 \cdot \sqrt{2}}{\sqrt{2} \cdot \sqrt{2}} = \frac{\sqrt{2}}{2}$$

Si haces la operación de las dos formas, verás que es mucho más ventajoso suprimir el radical del denominador (ver margen).

Aunque actualmente, con las sencillas y potentes herramientas de cálculo que poseemos, es innecesario, aún se tiende a dar los resultados finales de los problemas mediante expresiones numéricas que no tengan radicales en el denominador.

Al proceso por el cual hacemos desaparecer los radicales del denominador se le llama **racionalización del denominador.**

En cada caso, nos haremos esta pregunta: *¿por qué expresión he de multiplicar el denominador para que el producto no tenga radicales?* Una vez encontrada la expresión, también multiplicaremos por ella el numerador para que el resultado final no varíe.

1.er CASO: RAÍCES CUADRADAS. Por ejemplo: $\frac{2}{\sqrt{3}} = \frac{2 \cdot \sqrt{3}}{\sqrt{3} \cdot \sqrt{3}} = \frac{2\sqrt{3}}{3}$

2.° CASO: OTRAS RAÍCES. Por ejemplo: $\frac{1}{\sqrt[5]{7^2}} = \frac{1 \cdot \sqrt[5]{7^3}}{\sqrt[5]{7^2} \cdot \sqrt[5]{7^3}} = \frac{\sqrt[5]{7^3}}{\sqrt[5]{7^5}} = \frac{\sqrt[5]{7^3}}{7}$

3.er CASO: SUMAS Y RESTAS DE RAÍCES. Por ejemplo:

$$\frac{1}{\sqrt{5} - \sqrt{3}} = \frac{1 \cdot (\sqrt{5} + \sqrt{3})}{(\sqrt{5} - \sqrt{3}) \cdot (\sqrt{5} + \sqrt{3})} = \frac{\sqrt{5} + \sqrt{3}}{(\sqrt{5})^2 - (\sqrt{3})^2} = \frac{\sqrt{5} + \sqrt{3}}{2}$$

$$\frac{2}{3 + \sqrt{2}} = \frac{2 \cdot (3 - \sqrt{2})}{(3 + \sqrt{2}) \cdot (3 - \sqrt{2})} = \frac{6 - 2\sqrt{2}}{3^2 - (\sqrt{2})^2} = \frac{6 - 2\sqrt{2}}{9 - 2} = \frac{6 - 2\sqrt{2}}{7}$$

Algunas operaciones resultan más sencillas si racionalizamos previamente. Por ejemplo:

$$\frac{2}{\sqrt{3} - \sqrt{2}} + \frac{1}{\sqrt{2}} - \frac{2}{\sqrt{3}} = \frac{2\sqrt{3} + 2\sqrt{2}}{1} + \frac{\sqrt{2}}{2} - \frac{2\sqrt{3}}{3} =$$

$$= \frac{12\sqrt{3} + 12\sqrt{2}}{6} + \frac{3\sqrt{2}}{6} - \frac{4\sqrt{3}}{6} = \frac{8\sqrt{3} + 15\sqrt{2}}{6}$$

Observa

$\sqrt{2} = 1{,}4142\ldots$

Es más difícil hacer:

```
1,00000000 | 1,4142
 0100600     0,7071...
  016060
   01918
```

que hacer:

```
1,4142... | 2
 014        0,7071...
  02
   0
```

y obtenemos el mismo resultado.

Recuerda

Racionalizar es hacer racional algo que no lo era.

anayaeducacion.es Racionalización de denominadores.

Ten en cuenta

- $(a + b) \cdot (a - b) = a^2 - b^2$
- A la expresión $\sqrt{a} - \sqrt{b}$ se la llama **conjugado** de $\sqrt{a} + \sqrt{b}$.

  Y al contrario, $\sqrt{a} + \sqrt{b}$ es el conjugado de $\sqrt{a} - \sqrt{b}$.

Piensa y practica

anayaeducacion.es Refuerza tus conocimientos con nuevos ejercicios de racionalización.

10 Racionaliza los denominadores.

a) $\frac{5}{\sqrt{2}}$ b) $\frac{\sqrt{5}}{\sqrt{7}}$ c) $\frac{1}{\sqrt[3]{2}}$ d) $\frac{2}{\sqrt[5]{3^2}}$ e) $\frac{4}{\sqrt{3} + \sqrt{2}}$ f) $\frac{3}{2 - \sqrt{3}}$

5 NÚMEROS APROXIMADOS. ERRORES

Aproximación y errores

En las aplicaciones prácticas se suelen manejar números aproximados. Recordemos algunos conceptos y procedimientos con los que se controla su uso.

Se llaman **cifras significativas** las que se usan para expresar un número aproximado. Solo se deben utilizar aquellas cuya exactitud nos conste y de modo que sean relevantes para lo que se desea transmitir.

Por ejemplo, si al medir la capacidad de una piscina se obtiene 718 900 L, sería más razonable decir que tiene 719 m^3, utilizando solo 3 cifras significativas. Pero si la medición no fue muy fina o no queremos afinar tanto, lo propio sería decir 720 m^3 o, mejor, 72 decenas de m^3.

Error absoluto de una medida aproximada es la diferencia entre el valor real y el valor aproximado.

Error absoluto = |Valor real – Valor aproximado|

El valor real, generalmente, es desconocido. Por tanto, también se desconoce el error absoluto. Lo importante es poder acotarlo: **el error absoluto es menor que…** Una cota del error absoluto se obtiene a partir de la última cifra significativa utilizada.

En el ejemplo anterior (capacidad de la piscina: 719 m^3), la última cifra significativa (el 9) designa unidades de m^3. El error absoluto *es menor que medio metro cúbico* (error < 0,5 m^3).

Error relativo es el cociente entre el error absoluto y el valor real. Es tanto menor cuantas más cifras significativas se usan. El error relativo también se suele expresar en tantos por ciento (%).

En el ejemplo, el error relativo es menor que $\frac{0,5}{719} < 0,0007 = 0,07\,\%$.

Observa

a) 34 m tiene 2 cifras significativas.

b) 0,0863 hm^3 tiene 3 cifras significativas.

c) 53 000 L es posible que solo tenga 2 cifras significativas si los ceros del final solo han servido para designar el número. En tal caso, lo mejor sería poner 53 miles de litros.

Observa

a) $\begin{cases} \text{Medición: } 34 \text{ m} \\ \text{Error absoluto} < 0,5 \text{ m} \end{cases}$

b) $\begin{cases} \text{Medición: } 0,0863 \text{ hm}^3 \\ \text{Error abs.} < 0,00005 \text{ hm}^3 \\ \text{Es decir, error abs.} < 50 \text{ m}^3 \end{cases}$

c) $\begin{cases} \text{Medición: } 53 \text{ miles de L} \\ \text{Error absoluto} < 500 \text{ L} \end{cases}$

Observa

Los errores relativos de las mediciones anteriores son:

a) E.r. $< \frac{0,5}{34} < 0,015 = 1,5\,\%$

b) E.r. $< \frac{0,00005}{0,0863} < 0,0006 = 0,06\,\%$

c) E.r. $< \frac{500}{53\,000} < 0,0095 < 0,01 = 1\,\%$

Ejercicios resueltos

1 ***Expresar con un número razonable de cifras significativas las siguientes cantidades:***

a) Visitantes en un año a una pinacoteca: 183 594.

b) Asistentes a una manifestación: 234 590.

c) Número de bacterias en 1 dm^3 de cierto preparado: 302 593 847.

a) Puede ser razonable que esta cantidad se dé con tanta precisión, pues los asistentes a un museo pagan una entrada que, lógicamente, se contabiliza. Suponemos que ese número, 183 594, es el de entradas vendidas.

No obstante, para cierto tipo de comunicaciones podría simplificarse la cifra: «casi doscientos mil», «más de ciento ochenta mil» son valoraciones adecuadas.

b) Es imposible que nadie haya contado los manifestantes con tanta precisión. Aunque la cifra no esté «hinchada» o «achicada» por razones sectarias, no se puede afinar tanto en estas valoraciones. Razonable sería decir, por ejemplo, «más de doscientos mil», o bien «entre 200 000 y 250 000».

c) Una o, como mucho, dos cifras significativas es lo que este tipo de cantidades permite afinar: 3 cientos de millones de bacterias o 30 decenas de millones.

2 ***Dar una cota del error absoluto y una cota del error relativo cometido en cada una de las valoraciones que se han dado en las cantidades del ejercicio anterior.***

a) Si decimos que el número de visitantes es 180 mil (o mejor, 18 decenas de miles), cometemos un error absoluto de 183 594 – 180 000 = 3 594 personas. Lo sabemos con precisión porque conocemos la cantidad exacta. Sin embargo, quien reciba la información (18 decenas de miles) deberá entender que puede haber un error de hasta 5 unidades de la primera cifra no utilizada: 5 000 personas. Resumiendo:

Valoración: 180 mil

Error absoluto < 5 000

Error relativo $< \frac{5\,000}{180\,000} < 0{,}028 < 0{,}03 \rightarrow$ E.r. $< 0{,}03 = 3\,\%$

b) Valoración: 200 000

Error absoluto < 50 000

Error relativo $< \frac{50\,000}{200\,000} = 0{,}25 = 25\,\%$

c) Valoración: 3 cientos de millones = 300 millones

Error absoluto < 0,5 decenas de millones = 5 millones

Error relativo $< \frac{5}{300} < 0{,}017 < 0{,}02 \rightarrow$ E.r. $< 0{,}02 = 2\,\%$

Piensa y practica

anayaeducacion.es Practica el cálculo de errores.

1 ¿Verdadero o falso? Justifica tus respuestas.

a) Decir que en una cierta piscina caben 147 253 892 miles de gotas de agua es correcto si las mediciones se han hecho con mucha precisión.

b) Decir que en una cierta piscina caben 147 253 892 miles de gotas de agua no es nada razonable, pues es imposible conseguir tantísima precisión en las mediciones. Sería mucho más sensato afirmar que caben 15 decenas de miles de millones de gotas.

c) Si estimamos correctamente que el número de gotas de agua que caben en una piscina es 15 decenas de miles de millones, estamos cometiendo un error absoluto menor que media decena de miles de millones de gotas; es decir, E. abs. < 5 000 000 000 gotas.

d) Si el error relativo cometido en una cierta medición es menor que 0,019, podemos decir que es menor que el 19 %.

e) Si el error relativo cometido en una cierta medición es menor que 0,019, podemos afirmar que es menor que el 2 %.

f) La calculadora nos dice que $\pi = 3{,}14159265$. Si tomamos $\pi = 3{,}14$, podemos afirmar que cometemos un error absoluto menor que 0,00159266, pero es más razonable decir que E. abs. < 0,0016 o, incluso, E. abs. < 0,002.

2 Explica por qué no es razonable decir que en un saco hay 11 892 583 granos de arroz. Exprésalo de forma adecuada y acota el error absoluto y el error relativo que se cometen con esa expresión.

3 Da una cota del error absoluto y otra del error relativo que cometes cuando pones $\pi = 3{,}1416$.

6 NÚMEROS EN NOTACIÓN CIENTÍFICA. CONTROL DEL ERROR

Los números $3,845 \cdot 10^{15}$ y $9,8 \cdot 10^{-11}$ están en notación científica porque:

— Están descritos mediante dos factores: un número decimal y una potencia de 10.

— El número decimal es mayor o igual que 1 y menor que 10.

— La potencia de 10 es de exponente entero.

El primero, $3,845 \cdot 10^{15} = 3\,845\,000\,000\,000\,000$, es un número «grande».

El segundo, $9,8 \cdot 10^{-11} = 0,000000000098$, es un número «pequeño».

VENTAJAS DE ESTA NOTACIÓN

Como su nombre indica, esta notación está pensada para ser utilizada en contextos en los que se requiera precisión, nunca en el lenguaje corriente. ¿Te imaginas conversaciones de este tipo?

— ¿Cuántos hijos tienes? → $5 \cdot 10^0$

— ¿Cuántos estudiantes hay en tu centro escolar? → $6,74 \cdot 10^2$

— ¿Tienen alfileres con un grosor de $2,5 \cdot 10^{-4}$ m?

Evidentemente no, claro. Ciertamente, esta notación no está pensada para comunicarnos en la vida cotidiana.

Pero, esta forma de expresión resulta muy cómoda para tratar con cantidades aproximadas muy grandes o muy pequeñas, pues:

- De un solo golpe de vista se aprecia el «tamaño» del número, lo cual se advierte en el segundo factor y lo da el exponente del 10.
- Se constata la precisión con la que se da la cantidad. Cuantas más cifras significativas tenga el primer factor, con más precisión se da el número.

Por ejemplo, apreciamos que $7,6 \cdot 10^8$ y $7,603 \cdot 10^8$ son aproximadamente iguales («tamaños muy parecidos») pero la segunda está dada con más precisión, pues se expresa con cuatro cifras significativas mientras que la primera solo tiene dos.

Operaciones con números dados en notación científica

Con la calculadora, claro, se opera fácilmente en notación científica. Recuerda que para escribir un número en notación científica se usa la tecla [$\times 10^x$]. Por ejemplo, $7,6 \cdot 10^8$ → 7,6 [$\times 10^x$] 8; $2,5 \cdot 10^{-4}$ → 2,5 [$\times 10^x$] [(−)] 4. Pero si queremos hacerlo «a mano», debemos tener ciertas precauciones.

→ PRODUCTO Y COCIENTE

Se operan, por separado, los componentes decimales, por una parte, y las potencias de 10 por otra. Luego se reajusta el resultado para que adopte el formato de la notación científica. Por ejemplo:

$$(3,25 \cdot 10^5) \cdot (4,6 \cdot 10^{11}) = (3,25 \cdot 4,6) \cdot (10^5 \cdot 10^{11}) = 14,95 \cdot 10^{16} = 1,495 \cdot 10^{17}$$

$$(3,25 \cdot 10^5) : (4,6 \cdot 10^{11}) = (3,25 : 4,6) \cdot (10^5 : 10^{11}) = 0,7065 \cdot 10^{-6} = 7,065 \cdot 10^{-7}$$

Observa que en el cociente 3,25 : 4,6 nos hemos conformado con tomar cuatro cifras significativas. Si el contexto del problema no nos orienta en esta decisión, habremos de tomarla de manera subjetiva.

Ejercítate

Expresa en notación científica los siguientes números:

a) 340 000 b) 0,00000319

c) $25 \cdot 10^6$ d) $0,04 \cdot 10^9$

e) $480 \cdot 10^{-8}$ f) $0,05 \cdot 10^{-8}$

Otro ejemplo

$7,6 \cdot 10^8$ y $7,60 \cdot 10^8$, aparentemente iguales, no lo son, pues la segunda es más precisa y está dada con una cifra significativa más.

Curiosidad

Es posible que veas alguna vez una explicación como esta:

Si un número entero termina en un cero o más, para determinar el número de cifras significativas que tiene es conveniente expresarlo en notación científica. Sin embargo, otra forma de indicar que dichos ceros cuentan como cifras significativas es colocar una coma al final del número. Así:

***3200** tendría 2 cifras significativas*

***3200,** tendría 4 cifras significativas*

No es una regla aprobada por la comunidad científica (y en este libro no la usaremos), pero si el docente cree que ayuda a aclarar este tema, ¿por qué no usarla?

anayaeducacion.es
Operaciones con números en notación científica.

Atención

La información que damos con los siguientes números es diferente:

$2,5 \cdot 10^2$; $2,50 \cdot 10^2$; $2,500 \cdot 10^2$

Los ceros añadidos al final del número decimal sirven para indicar el número de cifras que se están controlando.

→ **SUMA Y DIFERENCIA**

Hemos de preparar los sumandos de modo que tengan la misma potencia de base 10 para ponerla como factor común. Luego, una vez efectuada la suma, se reajusta el resultado. Por ejemplo:

$$3,7 \cdot 10^{11} + 5,83 \cdot 10^8 - 4 \cdot 10^9 = 3\,700 \cdot 10^8 + 5,83 \cdot 10^8 - 40 \cdot 10^8 =$$
$$= 3\,665,83 \cdot 10^8 = 3,66583 \cdot 10^{11}$$

O bien:

$$3,7 \cdot 10^{11} + 5,83 \cdot 10^8 - 4 \cdot 10^9 = 3,7 \cdot 10^{11} + 0,00583 \cdot 10^{11} - 0,04 \cdot 10^{11} =$$
$$= 3,66583 \cdot 10^{11}$$

Control del error en un número en notación científica

Si nos dicen que «en este almacén hay 2 500 sacos de harina», es posible que sea una cantidad aproximada y solo sepamos que son, aproximadamente 25 centenas de sacos, con un error menor de media centena (50 sacos). O, acaso, 250 decenas, con un error menor de media decena (5 sacos).

Si utilizamos la notación científica, la expresión es inequívoca: $2,5 \cdot 10^2$ significa que solo hay dos cifras significativas. Y, si son tres, pondremos $2,50 \cdot 10^2$.

Ejercicio resuelto

Nos dicen que la población de China es 1 400 millones de habitantes.

a) Expresar la cantidad en notación científica.

b) ¿Es una cantidad exacta o aproximada?

c) Dar una cota del error absoluto teniendo en cuenta cómo se da el dato.

d) Dar una cota del error relativo.

a) 1 400 millones = $1,4 \cdot 10^9$ habitantes

b) Se trata, obviamente, de un número aproximado, pues es imposible calcular con toda precisión una cantidad tan enorme, tan dispersa y tan cambiante.

c) y d) Cuando nos dicen 1 400 millones, se supone que las dos primeras cifras están controladas. Pero es posible que alguno de los ceros que vienen a continuación también estén controlados.

— Si en la medición solo se controlan las dos primeras cifras:

Medición: 14 cientos de millones de personas.

Error absoluto < 0,5 cientos de millones = 50 000 000

Error relativo < 0,5/14 < 0,036 = 3,6 %

— Si en la medición se controla el primer cero de la cantidad:

Medición: 140 decenas de millones de personas. En este caso, se puede poner en notación científica así: $1,40 \cdot 10^9$. Observa que *la presencia del 0 detrás de la coma decimal significa que esa cifra está controlada.*

Error absoluto < 0,5 decenas de millones = 5 000 000

Error relativo < 0,5/140 < 0,0036 = 0,36 %

Piensa y practica

1 Efectúa. Después, repasa con la calculadora.

a) $(6,4 \cdot 10^5) \cdot (5,2 \cdot 10^{-6})$

b) $(2,52 \cdot 10^4) : (4 \cdot 10^{-6})$

c) $7,92 \cdot 10^6 + 3,58 \cdot 10^7$

d) $6,43 \cdot 10^{10} + 8,113 \cdot 10^{12} - 8 \cdot 10^{11}$

2 La distancia de la Tierra al Sol es 149 000 000 km.

a) Exprésala en notación científica.

b) Exprésala en cm con dos cifras significativas.

c) Exprésala en cm con cuatro cifras significativas.

d) Acota los errores absoluto y relativo en los tres casos anteriores.

7 LOGARITMOS

La igualdad $2^3 = 8$ se puede poner también así: $log_2\, 8 = 3$.

$log_2\, 8$ se lee «logaritmo en base 2 de 8».

Análogamente podemos decir:

$log_5\, 125 = 3$ porque $5^3 = 125$

$log_5 \sqrt{5} = \frac{1}{2}$ porque $5^{1/2} = \sqrt{5}$

$log_{10}\, 1\,000\,000 = 6$ porque $10^6 = 1\,000\,000$

$log_{10}\, 0{,}0001 = -4$ porque $10^{-4} = 1/10^4 = 0{,}0001$

Se llama **logaritmo en base *a* de *P*,** y se escribe ***log*$_a$ *P*,** al exponente al que hay que elevar la base a para obtener P ($a > 0$ y $a \neq 1$).

$$log_a P = x \Leftrightarrow a^x = P$$

Propiedades de los logaritmos

1. Dos logaritmos sencillos

$log_a\, a = 1 \qquad log_a\, 1 = 0$

El logaritmo de la base es 1. El logaritmo de 1 es 0 en cualquier base.

2. Producto y cociente

$log_a\,(P \cdot Q) = log_a P + log_a Q \qquad log_a \frac{P}{Q} = log_a P - log_a Q$

El logaritmo de un producto es la suma de los logaritmos de los factores. El logaritmo de un cociente es la diferencia de los logaritmos del dividendo y del divisor.

Por ejemplo: $log_2 \frac{8\sqrt[3]{4}}{\sqrt{2}} = log_2\, 8 + log_2 \sqrt[3]{4} - log_2 \sqrt{2}$

Comprobación

$$\frac{8\sqrt[3]{4}}{\sqrt{2}} = \frac{2^3 \cdot 2^{2/3}}{2^{1/2}} = 2^{3+2/3-1/2} = 2^{19/6}$$

$$\left.\begin{array}{l} log_2\, 8 = log_2\, 2^3 = 3 \\ log_2 \sqrt[3]{4} = log_2\, 2^{2/3} = \frac{2}{3} \\ log_2 \sqrt{2} = log_2\, 2^{1/2} = \frac{1}{2} \end{array}\right\} \rightarrow$$

$$\rightarrow 3 + \frac{2}{3} - \frac{1}{2} = \frac{19}{6}$$

3. Potencia y raíz

$log_a P^k = k\, log_a P \qquad log_a \sqrt[n]{P} = \frac{1}{n}\, log_a P$

El logaritmo de una potencia (P^k o bien $\sqrt[n]{P} = P^{1/n}$) es igual al exponente por el logaritmo de la base de la potencia.

Por ejemplo: $log_5 \sqrt{125} = log_5\,(125)^{1/2} = \frac{1}{2}\, log_5\, 125 = \frac{1}{2}\, log_5\, 5^3 = \frac{1}{2} \cdot 3 = \frac{3}{2}$

4. Cambio de base

$$log_b P = \frac{log_a P}{log_a b}$$

Si sabemos calcular logaritmos en base a, podremos calcular, gracias a esta fórmula, logaritmos en cualquier base, b.

Logaritmos decimales

Los logaritmos en base 10 se llaman **logaritmos decimales.** Durante mucho tiempo fueron los más utilizados. Por eso, se les denomina, simplemente, ***log,*** sin poner la base.

Por ejemplo, $log\ 10 = 1$, $log\ 100 = 2$, $log\ 1\,000 = 3$, $log\ 0{,}0001 = -4$.

Y también, $log\ 587 = 2{,}\ldots$ pues 587 es mayor que 100 pero menor que 1 000.

En las calculadoras hay una tecla expresamente para estos logaritmos. Pero en las modernas calculadoras, para acceder a esta función, hay que pulsar previamente la tecla SHIFT (inversa):

$log\ 200 \rightarrow$ SHIFT log 200 = 2,301029996

Ten en cuenta

En este nivel: *log* significa logaritmo decimal (base 10) y *ln* significa logaritmo neperiano (base *e*).

Sin embargo, en los libros de matemáticas superiores se les llama *log* a los logaritmos neperianos, pues en esos niveles son los que se utilizan casi en exclusiva.

Logaritmos neperianos

¿Recuerdas el número *e*? Su valor es 2,71828… y, al principio de esta unidad, lo relacionábamos con los procesos de crecimiento de poblaciones vegetales o animales, con la desintegración radiactiva y con la catenaria.

Pues bien, los logaritmos en base *e* se llaman **logaritmos neperianos** y se designan así ***ln*** (es decir, $log_e\ x = ln\ x$).

En las calculadoras hay una tecla, ln, a la que se accede directamente.

Ejercicios resueltos

1 ***Decir el valor de estos logaritmos poniendo los números en forma de potencias:***

a) $log_6 1\,296$ ***b)*** $log_2 0{,}125$

a) $1\,296 = 6^4$. Por tanto, $log_6\ 1\,296 = 4$.

b) $0{,}125 = \dfrac{125}{1\,000} = \dfrac{1}{8} = \dfrac{1}{2^3} = 2^{-3}$

Por tanto, $log_2\ 0{,}125 = -3$.

2 ***Hallar, con la calculadora, log 5, log 50, log 500 y log 5 000.***

Todos ellos tienen la misma parte decimal. ¿Por qué?

$log\ 5 = 0{,}69897\ldots$ $\quad log\ 50 = 1{,}69897\ldots$

$log\ 500 = 2{,}69897\ldots$ $\quad log\ 5\,000 = 3{,}69897\ldots$

Tienen la misma parte decimal porque todos ellos son del tipo:

$$log_{10}\,(5 \cdot 10^n) = log_{10}\ 5 + n\ log_{10}\ 10 = n + log_{10}\ 5$$

$log_{10}\ 5$ es la parte decimal de todos ellos. Y, en cada caso, se le suma un número entero, n.

Piensa y practica

anayaeducacion.es Practica el cálculo de logaritmos.

1 Halla estos logaritmos basándote en la definición:

a) $log_5\ 125$ b) $log_5\ 0{,}04$ c) $log_2\ 128$

d) $log_2\ 0{,}0625$ e) $log_a\ 1$ f) $log_{10}\ 0{,}0001$

g) $log_2\left(1/\sqrt{2}\right)$ h) $log_3\ (1/3)$ i) $log_3\ \sqrt[5]{9}$

2 Averigua la base de los siguientes logaritmos:

a) $log_a\ 10\,000 = 2$ b) $log_b\ 216 = 3$

c) $log_c\ 125 = 3$ d) $log_d\ 3 = \dfrac{1}{2}$

3 Halla con la calculadora $log\ 7$ y $log\ 70$ y explica por qué ambos tienen la misma parte decimal.

Importancia de los logaritmos decimales

Observa estos dos números:

$A = 6748 \qquad B = 67{,}48 = A/100$

$log\, B = log\,(A/100) = log\, A - log\, 100 =$

$= log\, A - 2$

Esto significa que ambos logaritmos tienen la misma parte decimal.

En las tablas de logaritmos se buscaba la parte decimal del logaritmo de 6748 y, después, se le añadía la parte entera según se tratase de 6748; 67,48 o 67480000.

Un poco de historia

Varios siglos antes de la irrupción de las calculadoras, los logaritmos se inventaron para aliviar las enormes operaciones que había que realizar a mano. ¿Cómo? Convirtiendo los productos y cocientes en sumas y restas (es claro que son mucho más cómodas estas operaciones que aquellas). Para ello, había que recurrir a unas enormes tablas (dadas en libros muy gordos) en donde se podían encontrar los logaritmos decimales de los factores de forma exacta o muy aproximada.

Y los logaritmos neperianos, ¿qué papel desempeñaron? Veamos: en el laboriosísimo proceso que llevó a obtener a mano los logaritmos decimales de muchísimos números, surgió de forma natural el número e y, por tanto, los logaritmos neperianos. Es decir, los logaritmos neperianos fueron el vehículo que, de forma natural, permitió obtener los valores de los logaritmos decimales, que eran los que había que utilizar en la práctica. A los neperianos se les llamó *logaritmos naturales* y, a los decimales, *logaritmos vulgares.*

Y ahora que tenemos calculadoras, ¿por qué los logaritmos? Pues un poco por cuestión cultural pero, también, porque nos encontraremos con ellos en simplificaciones algebraicas (por ejemplo, para resolver algunos tipos de ecuaciones) y en expresiones funcionales extraídas del mundo de la ciencia o de la técnica.

Logaritmos con calculadora

Como ya sabes, las calculadoras que utilizamos actualmente tienen tres teclas para calcular logaritmos: [ln], [log■□] y [log (–)]. Las dos primeras son fáciles de encontrar. La tercera (logaritmo decimal), por el contrario, está más escondida y aparece como segunda función; para usarla hay que pulsar [SHIFT] [log (–)].

Para hallar el logaritmo en una base que no sea ni 10 ni e, las nuevas calculadoras han incorporado la tecla [log■□]. Sin embargo, a veces puede ser preferible recurrir a la propiedad 4 (ver página 26) de cambio de base que utilizar dicha tecla. Para ello, es mejor usar el ln ya que es una tecla directa. Veamos, con un ejemplo, las dos formas de hacerlo:

- $log_{\sqrt{2}} 5 \to$ [log■□] [√■] 2 ▸▸ 5 [=] 4,64385619
- $log_{\sqrt{2}} 5 = \dfrac{ln\, 5}{ln\, \sqrt{2}} \to$ [ln] 5 [)] [÷] [ln] [√■] 2 [=] 4,64385619

Ejercicio resuelto

Hallar, con la calculadora, los siguientes logaritmos, de ambas formas: usando la tecla [log■□] y mediante el cambio de base.

a) $\boldsymbol{log_2 1024}$ ***b)*** $\boldsymbol{log_5 300}$

a) $log_2 1\,024 \to$ [log■□] 2 ▸ 1 024 [=] 10

$log_2 1\,024 = \dfrac{ln\, 1\,024}{ln\, 2} \to$ [ln] 1 024 [)] [÷] [ln] 2 [=] 10

b) $log_5 300 \to$ [log■□] 5 ▸ 300 [=] 3,543959311

$log_5 300 = \dfrac{ln\, 300}{ln\, 5} \to$ [ln] 300 [)] [÷] [ln] 5 [=] 3,543959311

Piensa y practica

4 Utiliza las teclas [log■□] y [ln] para calcular los siguientes logaritmos de las dos formas que hemos visto en el ejercicio resuelto anterior:

a) $log_2 740$ b) $log_3 100$ c) $log_5 0{,}533$ d) $log_8 0{,}004$ e) $log_{\sqrt{3}} 350$

1 Potencias y radicales

a) Expresar en forma de potencia:

$$\frac{\sqrt[3]{6\sqrt{3^3}}}{\sqrt[6]{2^{-3}}}$$

b) Simplificar la siguiente expresión:

$$(3\sqrt{3}+\sqrt{6})\sqrt{8}-\frac{\sqrt{54}}{4}+\frac{\sqrt{3}}{\sqrt{2}}$$

c) Comprobar que al reducir esta expresión se obtiene $\sqrt{2}$:

$$\frac{3\sqrt{6}+2\sqrt{2}}{2+3\sqrt{3}}$$

a) Expresamos las raíces como potencias de exponente fraccionario y operamos aplicando las propiedades de las potencias:

$$\frac{(2\cdot 3\cdot 3^{3/2})^{1/3}}{2^{-3/6}}=\frac{2^{1/3}\cdot 3^{1/3}\cdot 3^{1/2}}{2^{-1/2}}=2^{5/6}\cdot 3^{5/6}=6^{5/6}$$

b) Efectuamos la multiplicación indicada: $3\sqrt{24}+\sqrt{48}-\frac{\sqrt{54}}{4}+\frac{\sqrt{3}}{\sqrt{2}}$

Racionalizamos el denominador: $\frac{\sqrt{3}}{\sqrt{2}}=\frac{\sqrt{3}\cdot\sqrt{2}}{\sqrt{2}\cdot\sqrt{2}}=\frac{\sqrt{6}}{2}$

Sacamos de las raíces los factores posibles:

$$3\sqrt{2^3\cdot 3}+\sqrt{2^4\cdot 3}-\frac{\sqrt{3^3\cdot 2}}{4}+\frac{\sqrt{6}}{2}=3\cdot 2\sqrt{6}+4\sqrt{3}-\frac{3\sqrt{6}}{4}+\frac{\sqrt{6}}{2}=$$

$$=\left(6-\frac{3}{4}+\frac{1}{2}\right)\sqrt{6}+4\sqrt{3}=\frac{23}{4}\sqrt{6}+4\sqrt{3}$$

c) Multiplicamos numerador y denominador por el binomio conjugado del denominador:

$$\frac{(3\sqrt{6}+2\sqrt{2})(2-3\sqrt{3})}{(2+3\sqrt{3})(2-3\sqrt{3})}=\frac{6\sqrt{6}-9\sqrt{18}+4\sqrt{2}-6\sqrt{6}}{4-9\cdot 3}=$$

$$=\frac{-9\cdot 3\sqrt{2}+4\sqrt{2}}{-23}=\frac{-23\sqrt{2}}{-23}=\sqrt{2}$$

Hazlo tú

a) Expresa como potencia:

$$\frac{\sqrt{3^x}}{9}:\sqrt{\frac{1}{3}}$$

b) Simplifica: $\frac{\sqrt[4]{4}}{\sqrt{2}+1}-\frac{\sqrt{162}}{2}$

2 Interés compuesto y errores

Un capital de 20 millones de yenes se ha colocado en un banco durante 5 años, con periodo de capitalización anual, y se ha convertido en 2,387 · 10⁷ yenes, aproximadamente.

a) Dar una cota del error absoluto y una cota del error relativo cometido en esa aproximación.

b) ¿Qué interés se ha aplicado?

a) E. abs. $<0{,}0005\cdot 10^7=5\cdot 10^3$ yenes; E. r. $<5\cdot 10^3/2{,}387\cdot 10^7=0{,}0002$

b) Sabemos que $C_F=C\left(1+\frac{r}{100}\right)^n\ \rightarrow\ 2{,}387\cdot 10^7=2\cdot 10^7\left(1+\frac{r}{100}\right)^5\ \rightarrow$

$$\rightarrow\ \frac{2{,}387\cdot 10^7}{2\cdot 10^7}=\left(1+\frac{r}{100}\right)^5\ \rightarrow\ 1{,}1935=\left(1+\frac{r}{100}\right)^5$$

Extraemos la raíz quinta a los dos miembros de la igualdad para despejar r:

$$\sqrt[5]{1{,}1935}=\sqrt[5]{\left(1+\frac{r}{100}\right)^5}\ \rightarrow\ 1{,}036011=1+\frac{r}{100}\ \rightarrow$$

$$\rightarrow\ 0{,}036011=\frac{r}{100}\ \rightarrow\ r=3{,}6\%$$

Hazlo tú ¿En cuánto se convertiría ese capital al mismo interés anual durante 5 años con periodo de capitalización mensual?

3 Logaritmos

Hallar el valor de x en cada caso:

a) $3=5+\log x$

b) $\log_x 36=2$

c) $\log x+2\log 5=2$

Aplicamos la definición de logaritmo en cada caso:

a) $3-5=\log x\ \rightarrow\ x=10^{-2}$

b) $x^2=36\ \rightarrow\ x=6$ ($x=-6$ no vale)

c) Aplicamos las propiedades de los logaritmos:

$$\log x+\log 5^2=2\ \rightarrow\ \log(x\cdot 5^2)=2\ \rightarrow\ 25x=10^2\ \rightarrow\ x=4$$

Hazlo tú Calcula x en cada caso:

a) $\log_3 x=\frac{1}{2}$ b) $2\log x-\log 4=-2$

EJERCICIOS Y PROBLEMAS

Practica

Números racionales e irracionales

1 Observa los siguientes números:

$$-2;\ 1{,}7;\ \sqrt{3};\ 4{,}\widehat{2};\ -3{,}7\widehat{5};\ 3\pi;\ -2\sqrt{5};\ 5e$$

a) Di cuáles son racionales y exprésalos como cociente de dos números enteros.

b) ¿Cuáles son irracionales? De estos, di cuáles se pueden representar en la recta real de forma exacta y cuáles no.

2 a) Clasifica en racionales o irracionales.

$$\frac{\sqrt{3}}{2};\ 0{,}8\widehat{7};\ -\sqrt{4};\ -\frac{7}{3};\ \frac{1}{\sqrt{2}};\ 2\pi;\ \frac{e}{3}$$

b) Ordénalos de menor a mayor.

c) ¿Cuáles son números reales?

3 Clasifica los siguientes números indicando a cuáles de los conjuntos $\mathbb{N}$, $\mathbb{Z}$, $\mathbb{Q}$ o $\mathbb{R}$ pertenecen:

$$-4;\ \frac{13}{6};\ \sqrt{5};\ 2{,}\widehat{7};\ 152;\ \pi;\ \frac{1+\sqrt{3}}{2};\ e$$

4 Sitúa los siguientes números en un diagrama como el adjunto:

$1;\ 7{,}\widehat{23};\ 1-\sqrt{2};$

$3{,}5;\ \frac{11}{9};\ \sqrt{\frac{1}{4}};$

$\sqrt{6};\ \frac{\pi}{4};\ -104$

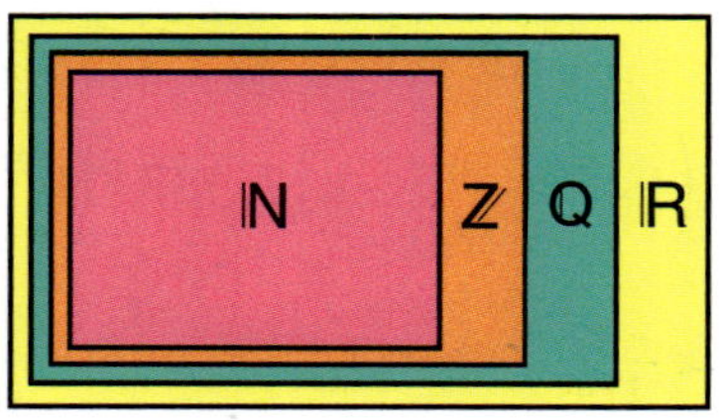

5 a) ¿Qué números irracionales representan los puntos A, B, C y D?

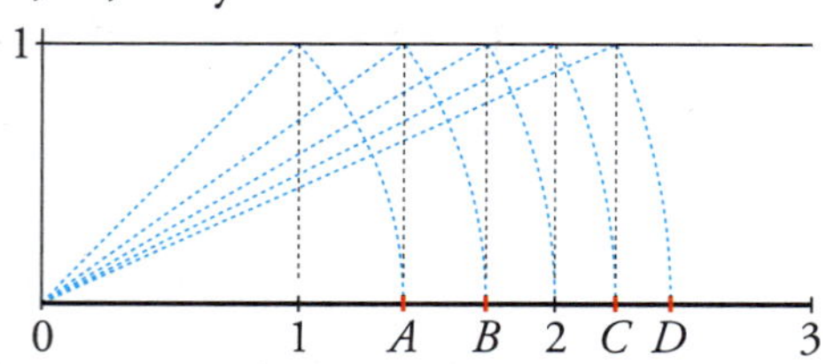

b) Representa $\sqrt{8}$ y $\sqrt{11}$.

6 Indica qué números representan los puntos A, B, C y D.

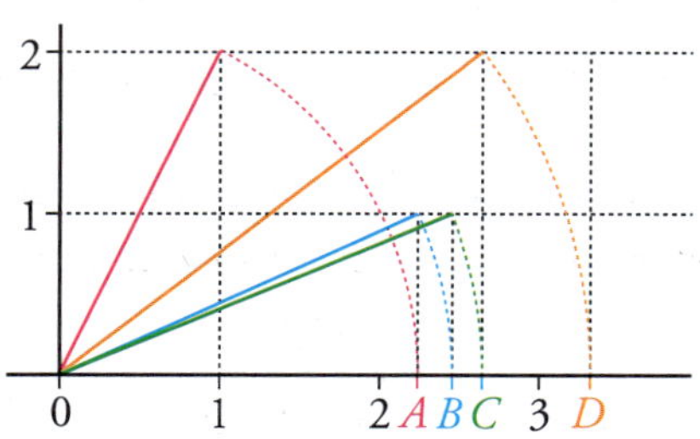

Intervalos y semirrectas

7 Escribe los siguientes conjuntos de números en forma de intervalo o semirrecta:

a) Mayores que 2 y menores que 7.

b) Comprendidos entre –1 y 3, ambos incluidos.

c) Mayores o iguales que 5.

d) Menores que 10.

8 Representa en la recta real cada uno de los siguientes intervalos y semirrectas:

$A = [-2, 4]$ $B = (1, 6)$ $C = [-7, -3)$

$D = (0, 5]$ $E = (-\infty, 1]$ $F = (-1, +\infty)$

9 Representa gráficamente y expresa como intervalo o semirrecta estas desigualdades:

a) $-3 \le x \le 2$ b) $5 < x$ c) $x \ge -2$

d) $-2 \le x < 3/2$ e) $4 < x < 4{,}1$ f) $-3 \le x$

10 Expresa como intervalo o semirrecta y como una desigualdad cada uno de los conjuntos de números representados:

a) 

b) 

c) 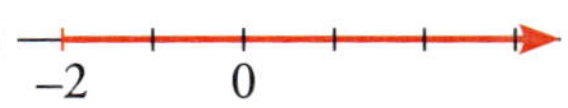

d) 

11 a) Indica cuáles de los números siguientes están incluidos en $A = [-3, 7)$ o en $B = (5, +\infty)$:

$$-3;\ 10;\ 0{,}5;\ 7;\ -4;\ \sqrt{5};\ 6{,}\widehat{3};\ \pi;\ \frac{27}{5};\ \sqrt{48};\ 1-\sqrt{2}$$

b) ¿Cuál de estos intervalos representa a los números incluidos en A y en B?

$(-3, 5)$ $[2, 7)$ $[5, 7]$ $(5, 7)$

c) Expresa $A \cup B$ y $A \cap B$ como intervalo y como desigualdad.

12 Escribe en forma de intervalo los números que verifican la desigualdad en cada caso:

a) $-3 < x + 1 < 3$ b) $-1 \le x - 4 \le 7$

c) $0 \le x - 5 < 2$ d) $5 < 2x - 1 \le 9$

13 Expresa como unión de intervalos, utilizando el símbolo $\cup$, cada uno de los conjuntos numéricos representados:

a) 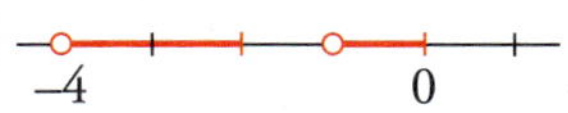

b) 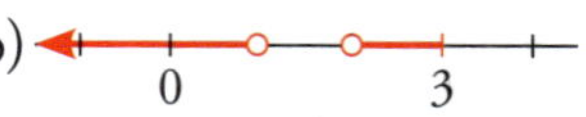

c) 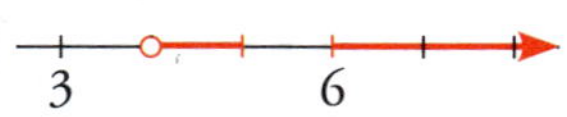

d) 

Potencias, raíces y radicales

14 Expresa en forma exponencial.

a) $\sqrt[5]{x^2}$ b) $\sqrt{2}$ c) $\sqrt[3]{10^6}$ d) $\sqrt[4]{20^2}$

e) $\sqrt[5]{(-3)^3}$ f) $\sqrt[4]{a}$ g) $\left(\sqrt[5]{x^{-2}}\right)^3$ h) $\sqrt[5]{a^5}$

15 Pon en forma de raíz.

a) $5^{1/2}$ b) $(-3)^{2/3}$ c) $\left(\dfrac{4}{3}\right)^{1/3}$

d) $(a^3)^{1/4}$ e) $(a^{1/2})^{1/3}$ f) $(a^{-1})^{3/5}$

16 Expresa como potencia y efectúa.

a) $\sqrt{2}\cdot\sqrt[3]{4}$ b) $\sqrt{3}\cdot\sqrt[4]{9}$ c) $3\sqrt[3]{9}$

d) $\sqrt{5} : \sqrt[4]{5}$ e) $\sqrt[3]{16} : \sqrt[3]{4}$ f) $\sqrt[3]{25} : \sqrt{5}$

17 Expresa los siguientes radicales mediante potencias de exponente fraccionario y simplifica:

a) $\sqrt[5]{a^2}\cdot\sqrt{a}$ b) $\dfrac{\sqrt[3]{x^2}}{\sqrt{x}}$ c) $\dfrac{1}{\sqrt[4]{a^3}}$

18 Expresa como potencia y calcula x en cada caso igualando los exponentes de los dos miembros:

a) $\sqrt{3^{x+1}} = \dfrac{1}{27}$ b) $\dfrac{(\sqrt{3})^{-x}}{81} = 1$ c) $\dfrac{2^x\sqrt{2}}{\sqrt[3]{4}} = 2$

19 Simplifica.

a) $\sqrt[4]{3^2}$ b) $\sqrt[12]{a^8}$ c) $\sqrt[5]{a^{15}}$

d) $\sqrt[8]{a^2b^4}$ e) $\sqrt[3]{\sqrt[4]{a^8}}$ f) $\sqrt[3]{a^6b^9}$

20 Multiplica y simplifica.

a) $\sqrt{2}\,\sqrt{3}\,\sqrt{6}$ b) $\sqrt{a}\,\sqrt[3]{a^4}\,\sqrt[4]{a}$ c) $\sqrt{a^{-1}}\,\sqrt[3]{a^{-3}}\,\sqrt[6]{a^5}$

21 Extrae del radical los factores que sea posible.

a) $\sqrt[3]{16a^3}$ b) $\sqrt[4]{81a^5b^3}$ c) $\sqrt{8a^5}$

d) $\sqrt[3]{\dfrac{24}{a^4}}$ e) $\sqrt{\dfrac{162}{75}}$ f) $\sqrt[5]{\dfrac{9}{32}}$

22 Reduce a índice común y ordena de menor a mayor los radicales siguientes:

$$\sqrt{7},\ \sqrt[3]{30},\ \sqrt[4]{40},\ \sqrt[6]{81}$$

23 Reduce a índice común y efectúa.

a) $\sqrt[5]{6}\cdot\sqrt{3}$ b) $\sqrt[3]{4} : \sqrt{2}$

c) $\sqrt[6]{20} : \sqrt[4]{10}$ d) $\left(\sqrt{2}\cdot\sqrt[3]{3}\right) : \left(\sqrt[3]{2}\cdot\sqrt{3}\right)$

24 Efectúa.

a) $3\sqrt{28} - \sqrt{7} - \sqrt{63}$ b) $\sqrt[5]{96} + \sqrt[5]{\dfrac{3}{32}}$

c) $\dfrac{\sqrt[3]{81}}{2} + \sqrt[3]{375} - \dfrac{\sqrt[3]{72}}{\sqrt[3]{3}}$ d) $\sqrt{\dfrac{7}{64}} + \sqrt{\dfrac{7}{4}} + \sqrt{\dfrac{4}{7}}$

25 Introduce dentro de la raíz y simplifica.

a) $5\sqrt{\dfrac{3}{5}}$ b) $\dfrac{\sqrt{18}}{3}$ c) $2\sqrt[3]{\dfrac{7}{4}}$

d) $2\sqrt[4]{\dfrac{5}{12}}$ e) $\dfrac{1}{2}\sqrt{12}$ f) $\dfrac{2}{3}\sqrt[3]{\dfrac{9}{4}}$

26 Efectúa.

a) $\left(\sqrt{5} - 2\sqrt{3}\right)\left(\sqrt{5} + 2\sqrt{3}\right)$ b) $\left(2\sqrt{5} - \sqrt{3}\right)^2$

c) $\left(\sqrt{3\sqrt{2} - 4} - \sqrt{3\sqrt{2} + 4}\right)^2$ d) $\left(3\sqrt{2} + 5\sqrt{8}\right)^2$

27 Simplifica.

a) $\dfrac{\sqrt{2}\,\sqrt[3]{81}}{\sqrt[4]{18}}$ b) $\dfrac{\sqrt{8a}\,\sqrt[3]{4a^2}}{(\sqrt[4]{2a^5})^2}$ c) $\dfrac{\sqrt{2a\sqrt[3]{2a^2}}}{\sqrt[4]{4a^3}}$

28 Racionaliza, y simplifica si es posible.

a) $\dfrac{3}{\sqrt{3}}$ b) $\dfrac{2\sqrt{3}}{3\sqrt{2}}$ c) $\dfrac{2+\sqrt{2}}{\sqrt{10}}$

d) $\dfrac{2}{\sqrt[3]{5}}$ e) $\dfrac{3}{2\sqrt[3]{6^2}}$ f) $\dfrac{2}{\sqrt[5]{81}}$

29 Racionaliza, y simplifica si es posible.

a) $\dfrac{3}{1+\sqrt{3}}$ b) $\dfrac{1+\sqrt{2}}{1-\sqrt{2}}$ c) $\dfrac{\sqrt{a}}{\sqrt{a}+1}$

d) $\dfrac{11}{2\sqrt{2}+3}$ e) $\dfrac{4a}{\sqrt[4]{2a^3b^2}}$ f) $\dfrac{\sqrt{5}-\sqrt{3}}{\sqrt{5}+\sqrt{3}}$

30 Simplifica.

a) $\dfrac{6}{\sqrt{3}} + \dfrac{\sqrt{6}\sqrt{2}}{4} - \dfrac{5}{2\sqrt{3}} - \sqrt[4]{9}$ b) $\dfrac{1}{\sqrt{2}} + \sqrt[6]{8} - \left(\dfrac{\sqrt{2}}{2}\right)^3$

c) $\dfrac{(\sqrt{3}-1)^2}{\sqrt{3}-1} - \dfrac{\sqrt{24}-\sqrt{6}}{\sqrt{2}}$ d) $\dfrac{\sqrt[3]{8a} + \sqrt[3]{a^4}}{\sqrt[3]{a}}$

Números aproximados. Notación científica

31 Da una cota del error absoluto y una cota del error relativo de estas aproximaciones sobre los presupuestos de algunos equipos deportivos:

a) 128 mil euros b) 25 millones de euros

c) 6 485 cientos de euros d) 32 miles de euros

e) 648 500 € f) 32 000 €

32 Da una cota del error absoluto de estas aproximaciones y compara sus errores relativos:

a) $8\cdot 10^5$ b) $5{,}23\cdot 10^6$ c) $1{,}372\cdot 10^7$

d) $2{,}5\cdot 10^{-4}$ e) $1{,}70\cdot 10^{-6}$ f) $4{,}00\cdot 10^{-5}$

33 Calcula mentalmente.

a) $(1{,}5 \cdot 10^7) \cdot (2 \cdot 10^5)$ b) $(3 \cdot 10^6) : (2 \cdot 10^{11})$

c) $(4 \cdot 10^{-7}) : (2 \cdot 10^{-12})$ d) $\sqrt{4 \cdot 10^8}$

34 Efectúa a mano utilizando la notación científica y da una cota del error absoluto cometido.

a) $(3{,}5 \cdot 10^7) \cdot (4 \cdot 10^8)$ b) $(5 \cdot 10^{-8}) \cdot (2{,}5 \cdot 10^5)$

c) $(1{,}2 \cdot 10^7) : (5 \cdot 10^{-6})$ d) $(6 \cdot 10^{-7})^2$

e) $5{,}3 \cdot 10^{12} - 3 \cdot 10^{11}$ f) $3 \cdot 10^{-5} + 8{,}2 \cdot 10^{-6}$

g) $6 \cdot 10^{-9} - 5 \cdot 10^{-8}$ h) $7{,}2 \cdot 10^8 + 1{,}5 \cdot 10^{10}$

Logaritmos

35 Aplica la definición de logaritmo y calcula.

a) $log_2 64$ b) $log_2 16$ c) $log_2 \frac{1}{4}$

d) $log_2 \sqrt{2}$ e) $log_3 243$ f) $log_3 \frac{1}{27}$

g) $log_3 \sqrt[3]{9}$ h) $log\, 0{,}001$ i) $log_5 0{,}2$

36 Calcula la base de los siguientes logaritmos:

a) $log_b 10\,000 = 2$ b) $log_b 125 = 3$

c) $log_b \frac{1}{4} = -1$ d) $log_b 2\sqrt{2} = \frac{1}{2}$

37 Calcula aplicando la definición de logaritmo.

$$log_4 16^3 + log_4 2 + log\, 0{,}0001 + log \frac{\sqrt[3]{10}}{100}$$

38 Halla con la calculadora.

a) $log_2 23{,}4$ b) $log_3 543$ c) $log_5 0{,}06$

d) $log_6 20{,}8$ e) $log_5 \sqrt{123}$ f) $log_2 0{,}87^2$

Resuelve problemas

39 Calcula el perímetro de los triángulos *ABC*, *DEF* y *GHI*. Expresa el resultado con radicales.

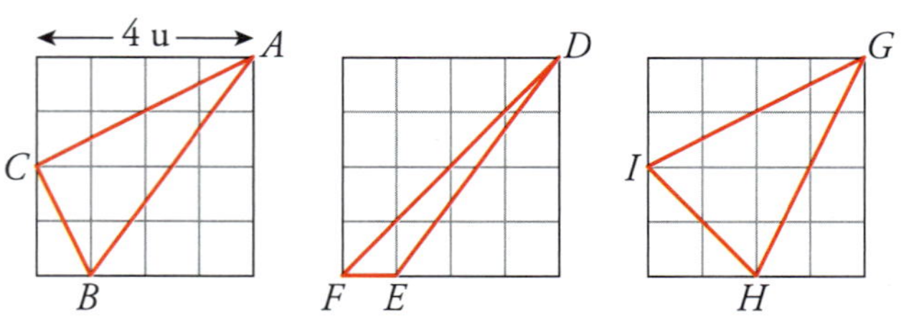

40 Expresa como intervalo los números que verifican cada una de las siguientes desigualdades:

a) $|x| < 3$ b) $|x - 1| \le 5$ c) $|x + 3| < 4$

¿Cómo expresarías los números que verifican las desigualdades contrarias a las anteriores? Es decir:

$|x| \ge 3$ $|x - 1| > 5$ $|x + 3| \ge 4$

41 Averigua para qué valores de x se pueden calcular las siguientes raíces:

a) $\sqrt{x-7}$ b) $\sqrt{5-x}$ c) $\sqrt{-x}$ d) $\sqrt{x^2+1}$

42 Se llama **entorno de centro *M* y radio *r*,** y se designa por ***E(M, r)*,** al intervalo abierto cuyo centro es M y cuyos extremos son $M - r$ y $M + r$.

Por ejemplo: $E(0, 2) = (-2, 2)$ y $E(2, 3) = (-1, 5)$

Expresa los siguientes entornos como intervalos:

a) $E(0, 1)$ b) $E(0, 3)$ c) $E(3, 5)$ d) $E(-2; 1{,}5)$

e) $E(-3; 0{,}3)$ f) $E(2{,}1; 3)$ g) $E(-0{,}2; 5{,}3)$

43 Expresa cada uno de los siguientes intervalos como un entorno del tipo $E(M, r)$:

a) $(-3, 3)$ b) $(2, 4)$ c) $(0, 6)$ d) $(-1, 4)$

e) $(-3, 2)$ f) $(0; 7{,}5)$ g) $(-5; -2{,}2)$ h) $(1{,}2; 4{,}7)$

44 Comprueba, sin resolver la ecuación, si alguno de los números $1 - \sqrt{3}$ o $3 + \sqrt{2}$ es solución de:

$$x^2 - 6x + 7 = 0$$

45 Si $log\, x = 1{,}3$ y $log\, y = 0{,}8$, calcula:

a) $log\,(x \cdot y)$ b) $log\,(x\sqrt{y})$ c) $log \frac{y}{x^2}$ d) $log \sqrt{\frac{x}{y}}$

46 Transforma estas expresiones en otras equivalentes tomando logaritmos, como en el ejemplo:

- $A = 7x^2\sqrt{y} \rightarrow \ln A = \ln(7x^2\sqrt{y}) = \ln 7 + 2\ln x + \frac{1}{2}\ln y$

a) $M = 10xy^3$ b) $N = \frac{z^3 y}{x^2}$ c) $P = x^2\sqrt{yz}$

47 Expresa M, en cada caso, sin logaritmos:

a) $log\, M = log\,(x - 3) + 2log\, x$

b) $log\, M = log\,(x + 1) - log\, y + log\, 3$

48 Indica cuáles de los resultados de este análisis se salen del rango de los valores de referencia:

	Resultados	Valores de referencia	Unidades
Leucocitos	3,16	(3,5-11)	$\times 10^3$ µL
Hematíes	5,87	(4,3-5,9)	$\times 10^6$ µL
Plaquetas	1,9	(1,50-4,50)	$\times 10^5$ µL
Creatinina	0,68	(0,7-1,3)	$\times 10^5$ mg/dL

49 Una roca de piedra caliza pesa 830 g. La masa de cada molécula de esta piedra es, aproximadamente, $1{,}66 \cdot 10^{-22}$ g. A causa de la erosión, la piedra pierde 10^{13} moléculas cada segundo. Si la erosión se mantiene constante, ¿cuándo desaparecerá la piedra por completo? Da una cota del error absoluto.

Resuelve: un poco más difícil

50 Calcula la altura de un tetraedro regular de 8 cm de arista. Expresa el resultado con radicales.

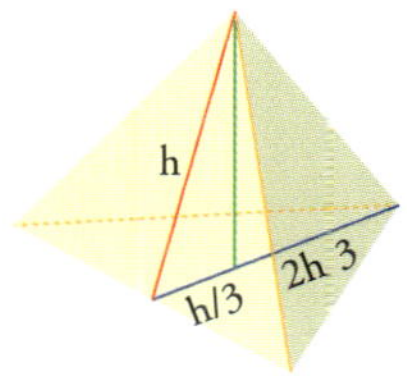

51 Halla el volumen de un octaedro regular cuya arista mide $\sqrt{6}$ cm. Expresa el resultado con radicales.

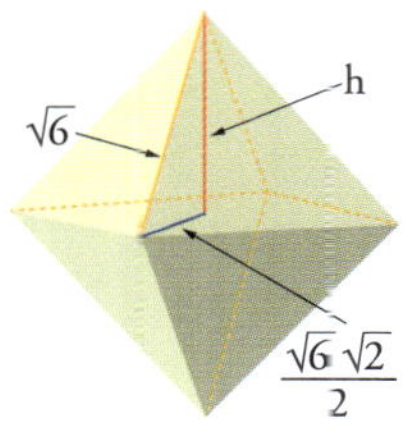

52 En un triángulo equilátero de 10 cm de lado, se cortan de las esquinas triángulos equiláteros de lado x y así se obtiene un hexágono. Calcula el valor de x para que el área de ese hexágono sea $10\sqrt{3}$ cm^2.

53 Este es el logotipo de un club deportivo. La figura será reproducida en diferentes tamaños.

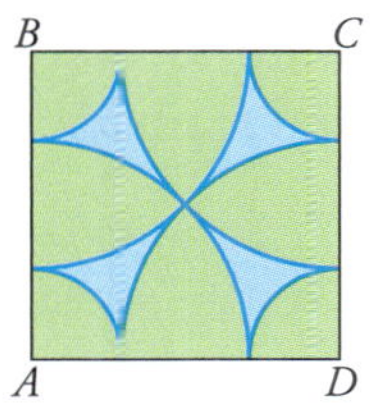

a) Halla el radio de cada arco en un cuadrado de lado 2 m.

b) Comprueba que la relación entre los radios de los arcos es $\sqrt{2} - 1$.

c) Halla el perímetro y el área de la parte azul en un cuadrado de 2 m de lado.

54 El diámetro de la Vía Láctea es de 105 700 años luz, y un año luz es $1{,}461 \cdot 10^{12}$ km.

a) ¿Cuántos kilómetros de diámetro tiene nuestra galaxia?

b) ¿Cuántos milenios tardaría una nave espacial en atravesarla si alcanzara una velocidad de 2 000 km/s?

c) Sabiendo que el diámetro de un electrón es de $4 \cdot 10^{-15}$ m, ¿cuántos electrones deberían ponerse en fila para rodear la Vía Láctea? (Supón que es una circunferencia).

Reflexiona sobre la teoría

55 ¿Verdadero o falso? Explica y pon ejemplos.

a) Todo número decimal es racional.

b) Entre dos números racionales hay infinitos irracionales.

c) El inverso de un número decimal periódico puede ser un decimal exacto.

d) El número $0{,}83 \cdot 10^9$ no está expresado en notación científica.

e) Todos los números irracionales son reales.

f) Algunos números enteros son irracionales.

g) Los números irracionales tienen infinitas cifras decimales.

h) La suma de dos números irracionales es siempre un número irracional.

56 Inventa dos intervalos, B y C, tales que:

a) $B \cup C = (-2, 7]$ b) $B \cap C = (-1, 0]$

57 Observa esta forma de representar $\sqrt{m}$ en la recta real. Razónalo.

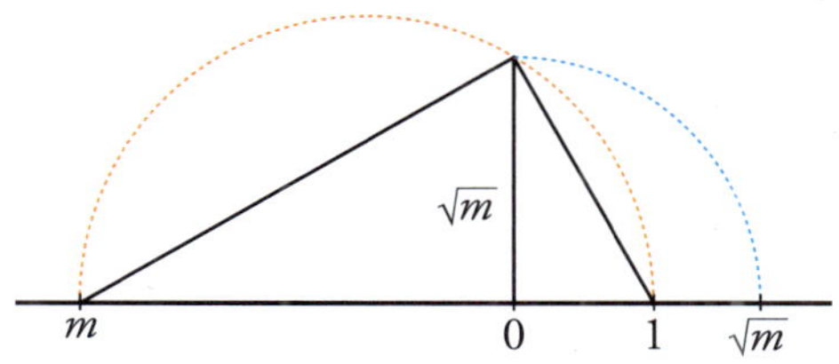

Indica qué número representa A en este otro esquema:

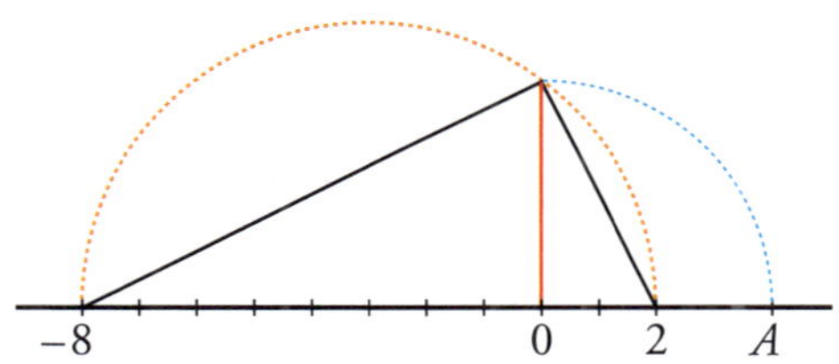

58 Si x es un número del intervalo $[-1, 3)$ e y es un número del intervalo $(0, 4]$, explica en qué intervalo puede estar $x + y$.

59 Razona si son verdaderas o falsas estas igualdades:

a) $\sqrt{a} \cdot \sqrt[3]{b} = \sqrt[6]{a \cdot b}$ b) $\sqrt[3]{a + b} = \sqrt[3]{a} + \sqrt[3]{b}$

c) $a\sqrt[3]{b^2} = \sqrt[3]{(a \cdot b)^2}$ d) $\sqrt[4]{a^{12} \cdot b^2} = a^3\sqrt{b}$

60 Explica si son verdaderas o falsas estas igualdades:

a) $\log (a \cdot b) = \log a \cdot \log b$

b) $\log \left(\dfrac{a}{b}\right) = \log a - \log b$

c) $\log \sqrt[3]{a} = \dfrac{1}{3} \log a$

d) $\log (a^2 \cdot b) = 2(\log a + \log b)$

61 Comprueba que no es posible utilizar la calculadora para obtener $5^{129} \cdot 4^{63}$ porque es un número demasiado grande. Utiliza las propiedades de las potencias para expresarlo en notación científica.

LEE E INFÓRMATE

Rectángulos áureos

Se dice que un rectángulo es áureo cuando sus lados guardan la divina razón. Es decir, si tomando el lado menor como unidad, la medida del mayor es el número de oro, $\Phi = \frac{\sqrt{5}+1}{2} = 1{,}618\ldots$

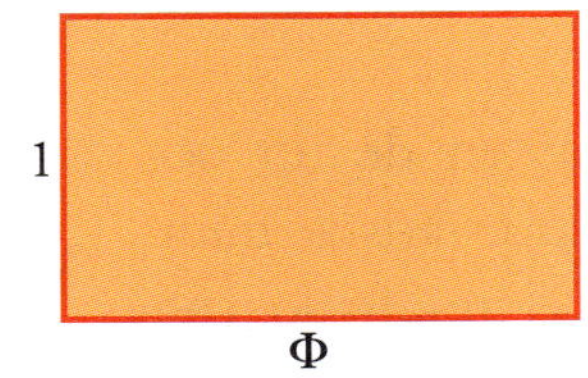

$$\frac{\Phi}{1} = \Phi = \frac{\sqrt{5}+1}{2}$$

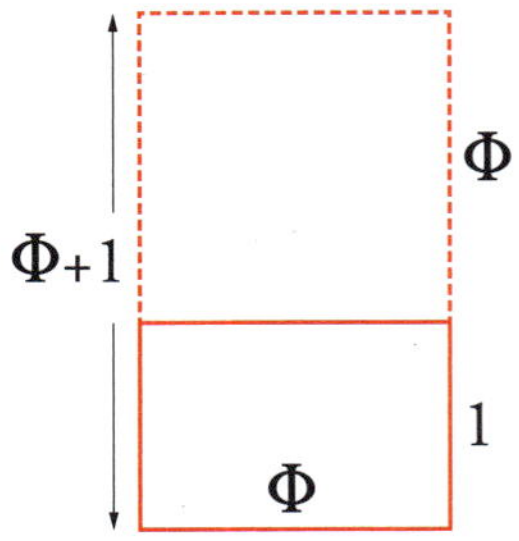

Estos rectángulos tienen una curiosa propiedad: si les adosas un cuadrado sobre el lado largo, obtienes otro rectángulo áureo. Pruébalo:

$$\frac{\Phi+1}{\Phi} = 1 + \frac{1}{\Phi} = 1 + \frac{2}{\sqrt{5}+1} = \ldots$$

Y si continúas adosando cuadrados, cada vez más grandes, obtendrás una sucesión de rectángulos áureos sobre los que se puede construir una bella espiral formada por arcos de circunferencia:

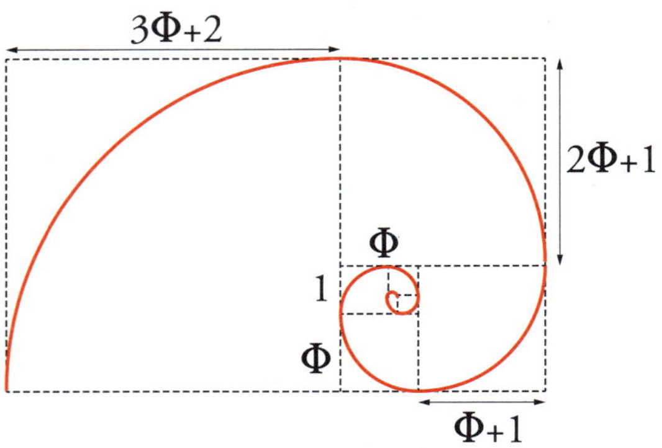

Concha de nautilus.

Se trata de una espiral muy conocida y estudiada en matemáticas (espiral equiangular o espiral geométrica). Pero lo más sorprendente es que aparece espontáneamente, de forma natural, en numerosas especies vegetales y animales (flores, frutos, conchas de moluscos, etc.).

- Construye, ahora, la serie de los sucesivos radios de la espiral, que coinciden con los lados de los cuadrados que se van adosando:

  $R_1 = \Phi$

  $R_2 = \Phi + 1$

  $R_3 = 2\Phi + 1$

  $R_4 = 3\Phi + 2$

  $R_5 = 5\Phi + 3$

  …

  ¿Encuentras alguna relación entre la serie y la sucesión de Fibonacci?

Leonardo de Pisa (1170-1250)

También llamado *Fibonacci* (hijo de hombre bueno).

Su padre fue comerciante y cónsul de Pisa en la ciudad de Bugía, en la actual Argelia.

Esto le permitió aprender las matemáticas de los árabes, especialmente el sistema de numeración decimal, que contribuyó a introducir en Europa.

Fue quien describió por primera vez la famosa sucesión:

1, 1, 2, 3, 5, 8, 13, 21, 34, 55, …

en la que cada término se obtiene sumando los dos anteriores. Esta *sucesión de Fibonacci* tiene fuertes relaciones con el número áureo, Φ.

ENTRÉNATE RESOLVIENDO OTROS PROBLEMAS

- Aunque te parezca extraño, el número K que ves aquí es un número entero:

$$K = \sqrt{4 + \frac{\sqrt{63}}{2}} + \sqrt{4 - \frac{\sqrt{63}}{2}}$$

¿Puedes decir de qué número se trata?

- Ordena de menor a mayor:

2^{900} 7^{300} 8^{99} 16^{75} 25^{150} 32^{120}

Empieza ordenando las potencias de 2:

$$2^{900},\ 8^{99},\ 16^{75},\ 32^{120}$$

Luego, compara la potencia 25^{150} con 2^{900} y con 32^{120}.

Finalmente, compara 7^{300} con 2^{900} y con 25^{150}.

- En un cubo de arista 1, la diagonal de una cara y la diagonal del cubo son números irracionales:

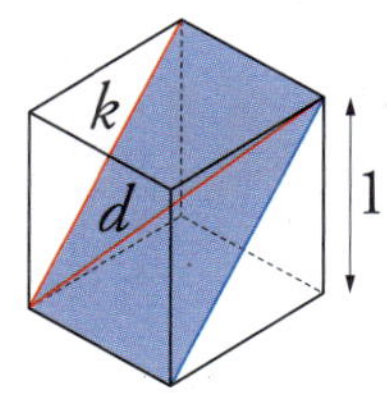

DIAGONAL DE UNA CARA:

$$k = \sqrt{1^2 + 1^2} = \sqrt{2}$$

DIAGONAL DEL CUBO:

$$d = \sqrt{1^2 + (\sqrt{2})^2} = \sqrt{3}$$

Averigua si son racionales o irracionales las distancias m y n señaladas en este otro cubo de arista 1.

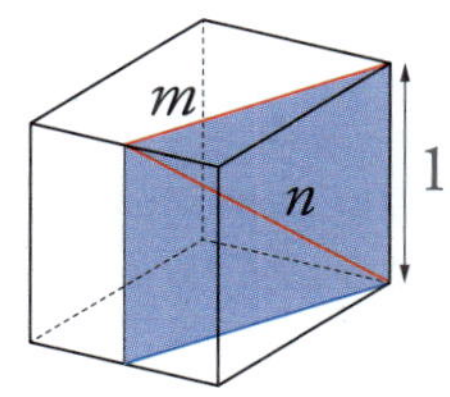

AUTOEVALUACIÓN

anayaeducacion.es Resoluciones de estos ejercicios y una autoevaluación interactiva.

1 a) Clasifica los siguientes números como naturales, enteros, racionales y reales:

$$\sqrt[6]{3^{-4}};\ 2\pi;\ \sqrt{log_2 0,5};\ 3,\widehat{47};$$

$$2,03333\ldots;\ \sqrt{81};\ \sqrt[3]{4};\ \frac{\sqrt{5}}{3};\ -\frac{13}{9};\ -8$$

b) Indica cuáles son irracionales.

c) Ordénalos de menor a mayor.

2 a) Escribe en forma de intervalo los siguientes conjuntos numéricos y represéntalos gráficamente:

i) $\{x / -2 \le x < 7\}$ ii) $\{x / x > -1\}$ iii) $|x - 3| < 2$

b) Escribe como desigualdad los intervalos siguientes:

$$A = [-3, 4) \qquad B = (-\infty, \sqrt{3})$$

c) Expresa $A \cup B$ y $A \cap B$ como intervalos y como desigualdades.

3 Expresa en notación científica y, con ayuda de la calculadora, opera. Escribe el resultado con tres cifras significativas.

$$\frac{1\,500\,000 \cdot 25 \cdot 10^{17}}{0,00007 \cdot (2000)^4}$$

Después, da una cota del error absoluto y otra del error relativo del valor aproximado obtenido.

4 Extrae del radical todos los factores posibles.

$$\sqrt[3]{\frac{81a^2b^5}{16z^4}}$$

5 Opera y simplifica.

a) $\dfrac{(3\sqrt{2} + \sqrt{3})^2}{3}$ b) $\sqrt{54} - 2\sqrt{6} + \sqrt{150}$

c) $\dfrac{5}{\sqrt{50}} - \dfrac{\sqrt{2}}{2}$ d) $\dfrac{10}{2\sqrt{3} - \sqrt{2}}$

6 Calcula aplicando la definición de logaritmo o con la calculadora.

a) $log_3 \sqrt[3]{\dfrac{1}{9}}$ b) $log_2 \left(\sqrt[4]{\dfrac{1}{32}}\ \sqrt{2}\right)$

7 Expresa $log \dfrac{4\sqrt{6}}{9}$ en función de $log\, 2$ y $log\, 3$.

8 En un cuadrado de 10 cm de lado, recortamos en cada esquina un triángulo rectángulo isósceles de forma que obtenemos un octógono regular.

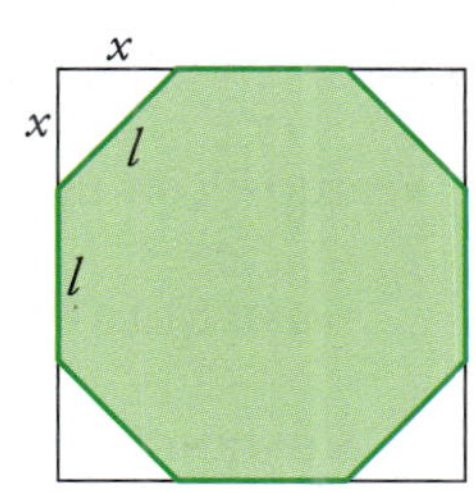

a) Halla la medida exacta del lado del octógono.

b) Calcula su área.

c) Halla su radio.

Compromiso ODS Visualiza el vídeo Meta 4.6, piensa en una acción con la que podrías contribuir al logro de esa meta y comprométete a llevarla a cabo.

2

POLINOMIOS Y FRACCIONES ALGEBRAICAS

Tres grandes fases de la evolución del lenguaje algebraico

El lenguaje algebraico actual es sencillo, cómodo y operativo. En el largo camino para llegar a él, cabe considerar tres grandes etapas.

- ÁLGEBRA PRIMITIVA O RETÓRICA. En ella, todo se describe con lenguaje ordinario. En Babilonia, en Egipto y en la Grecia antigua la practicaban; y la cultura árabe, entrado ya en el siglo IX, también retornó a ella.
- ÁLGEBRA SINCOPADA. **Diofanto** (s. III) fue el pionero, utilizando una serie de abreviaturas que aliviaban los procesos.

  Durante el Renacimiento (siglos XV y XVI), el álgebra sincopada mejoró debido a la incorporación de nuevos símbolos: operaciones, coeficientes, potencias…
- ÁLGEBRA SIMBÓLICA. Consiste en una simbolización completa. **Vieta,** a finales del siglo XVI, mejoró lo que ya había, de modo que su lenguaje algebraico fue predecesor del actual. Y **Descartes,** en el siglo XVII, lo acabó de perfeccionar.

François Vieta (1540-1603). Matemático francés que publicó en 1591 la obra In Artem Analyticam Isagoge, *donde introdujo el uso habitual de letras en fórmulas matemáticas.*

La curiosa nomenclatura de Diofanto

Veamos, con un ejemplo, cómo describía Diofanto los polinomios:

NOMENCLATURA ACTUAL → $7x^4 + 2x^3 - 4x^2 + 5x - 6$

NOMENCLATURA DE DIOFANTO → ss7 c2 x5 M s4 u6

Observa que s significa «cuadrado» (y, por tanto, ss, «cuarta potencia»); c, «cubo»; x, «la incógnita»; u, «número». Y la M significa «menos» y precede a todos los monomios con coeficiente negativo. Curioso, ¿no?

El álgebra geométrica

La falta de operatividad del álgebra durante muchos siglos obligó a quienes se dedicaban a las matemáticas a agudizar su ingenio para obtener o demostrar relaciones algebraicas. En muchas culturas (griega, árabe…) se valieron, para ello, de figuras geométricas, dando lugar al *álgebra geométrica.*

Utilización del álgebra geométrica

Con nuestra sencilla y operativa nomenclatura algebraica es muy fácil probar, operando, que:

$$\left(\frac{a+b}{2}\right)^2 - \left(\frac{a-b}{2}\right)^2 = ab$$

Pero en el álgebra retórica no había forma de operar y debían ingeniárselas para efectuar estas demostraciones.

Observa cómo procedió Pitágoras para probar la igualdad anterior:

Si a y b son segmentos, ab es el área de un rectángulo.

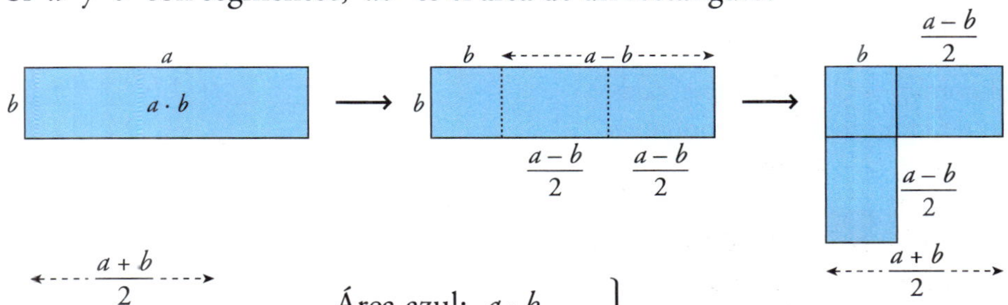

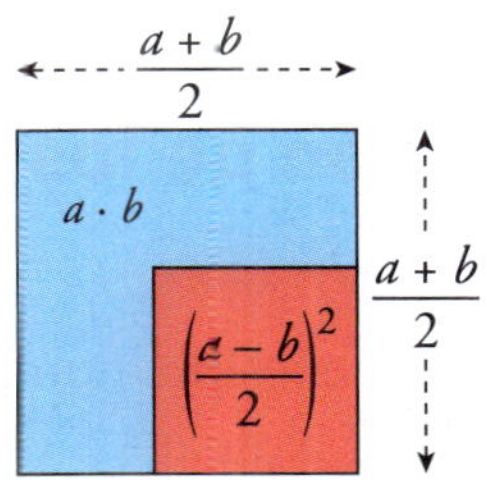

Área azul: $a \cdot b$

Área roja: $\left(\frac{a-b}{2}\right)^2$

Área total: $\left(\frac{a+b}{2}\right)^2$

Por tanto, $\left(\frac{a+b}{2}\right)^2 - \left(\frac{a-b}{2}\right)^2 = ab$

Resuelve

1 Expresa con nuestra notación el siguiente polinomio dado con la nomenclatura de Diofanto:

ss3 s5 M c8 x9 u1

2 Expresa el polinomio siguiente con la nomenclatura de Diofanto:

$$-2x^4 + 5x^3 - 3x^2 - 6x + 8$$

3 Repite gráficamente el razonamiento utilizado por Pitágoras para demostrar la igualdad de arriba, tomando $a = 7$ y $b = 2$.

1 POLINOMIOS. OPERACIONES

Cómo se ordenan los monomios

Los monomios que componen un polinomio pueden darse en cualquier orden, pero lo habitual es que se den ordenados por su grado, de mayor a menor.

Resta de polinomios

La **resta** es un caso particular de la suma, por lo que el resultado de restar dos polinomios es otro polinomio:

$$P - Q = P + (-Q)$$

El polinomio $-Q$ se obtiene cambiando de signo todos los monomios de Q.

anayaeducacion.es
Practica la suma, la resta y el producto de polinomios.

Terminología básica

Como ya sabes, la expresión siguiente es un **polinomio:**

$$2x^5 + \frac{3}{7}x^3 - \sqrt{3}x^2 + 2{,}7$$

Está compuesto por cuatro **monomios:** $2x^5$; $3/7x^3$; $-\sqrt{3}x^2$ y $2{,}7$, cuyos grados son, respectivamente, 5, 3, 2 y 0 (2,7 es de grado 0, pues $2{,}7 = 2{,}7 \cdot x^0$).

El **grado del polinomio** es 5 (es el del monomio de mayor grado).

La **variable,** x, se llama, también, **indeterminada.**

Los números 2, 3/7, $-\sqrt{3}$ y 2,7 son los **coeficientes.** Como no hay monomios ni de primer ni de cuarto grado, podemos decir que sus coeficientes son 0.

En un polinomio, los coeficientes son números reales cualesquiera.

Operaciones con polinomios. Suma y producto

El resultado de sumar o multiplicar dos polinomios es otro polinomio. Y estas operaciones tienen unas propiedades que, en definitiva, sirven para que se pueda operar con ellos con toda facilidad y desenvoltura. Veamos cuáles son:

PROPIEDADES	DE LA SUMA	DEL PRODUCTO
Asociativa	$(P + Q) + R = P + (Q + R)$	$(P \cdot Q) \cdot R = P \cdot (Q \cdot R)$
Conmutativa	$P + Q = Q + P$	$P \cdot Q = Q \cdot P$
Distributiva	DEL PRODUCTO RESPECTO A LA SUMA	
	$P \cdot (Q + R) = P \cdot Q + P \cdot R$	

Comparación de los polinomios con los números enteros, $\mathbb{Z}$

El comportamiento de los polinomios respecto a la suma y al producto es, curiosamente, muy similar al de los números enteros. Veamos qué aspecto tienen las propiedades anteriores con números enteros:

- La **propiedad asociativa** de la suma, $2 + [7 + (-4)] = (2 + 7) + (-4)$, permite que, en estos casos, podamos prescindir de paréntesis y poner $2 + 7 + (-4)$.

  Lo mismo ocurre con el producto: $[3 \cdot (-5)] \cdot 8 = 3 \cdot [(-5) \cdot 8] = 3 \cdot (-5) \cdot 8$.

- La **propiedad conmutativa** permite, simplemente, cambiar el orden de los factores o el de los sumandos.
- La **propiedad distributiva** permite extraer factor común:

$$120 + 220 = 6 \cdot 20 + 11 \cdot 20 = (6 + 11) \cdot 20 = 17 \cdot 20$$

Pues bien, todas estas ventajas las tienen los polinomios.

Este paralelismo entre números enteros y polinomios va mucho más allá de lo que hemos visto hasta ahora. Por eso, lo seguiremos destacando a lo largo de toda esta unidad.

División de polinomios

El resultado de sumar, restar o multiplicar dos polinomios es otro polinomio, pero esto no ocurre con la división: en general, el cociente de dos polinomios no es un polinomio. Veámoslo:

Recordemos cómo se procede para dividir dos polinomios, y cómo se interpreta el resultado. Dividamos $P(x) = 5x^5 - 6x^3 + 4x^2 - 2x + 1$ entre $Q(x) = x^2 + 2x - 1$.

$$
\begin{array}{rrrrrr|l}
5x^5 & & -\ 6x^3 & +\ 4x^2 & -\ 2x & +\ 1 & x^2 + 2x - 1 \\ \cline{7-7}
-5x^5 & -\ 10x^4 & +\ 5x^3 & & & & 5x^3 - 10x^2 + 19x - 44 \\ \cline{1-3}
 & -\ 10x^4 & -\ x^3 & +\ 4x^2 & -\ 2x & +\ 1 & \\
 & 10x^4 & +\ 20x^3 & -\ 10x^2 & & & \\ \cline{2-4}
 & & 19x^3 & -\ 6x^2 & -\ 2x & +\ 1 & \text{Cociente:} \\
 & & -\ 19x^3 & -\ 38x^2 & +\ 19x & & C(x) = 5x^3 - 10x^2 + 19x - 44 \\ \cline{3-5}
 & & & -\ 44x^2 & +\ 17x & +\ 1 & \text{Resto:} \\
 & & & 44x^2 & +\ 88x & -\ 44 & R(x) = 105x - 43 \\ \cline{3-6}
 & & & & 105x & -\ 43 &
\end{array}
$$

El resultado puede ponerse de una de estas dos formas:

$$P(x) = Q(x) \cdot C(x) + R(x), \quad \text{o bien} \quad \frac{P(x)}{Q(x)} = C(x) + \frac{R(x)}{Q(x)}$$

> A esta división entre polinomios, en la que además del cociente hay un resto disinto de cero, se la llama **división entera.**
>
> Cuando el resto es cero, se dice que la **división** es **exacta.**

Por ejemplo, vamos a dividir el polinomio $P(x) = x^4 + x^3 - 10x^2 - 4x + 24$ entre $Q(x) = x^2 + x - 6$.

$$
\begin{array}{rrrrr|l}
x^4 & +\ x^3 & -\ 10x^2 & -\ 4x & +\ 24 & x^2 + x - 6 \\ \cline{6-6}
-x^4 & -\ x^3 & +\ 6x^2 & & & x^2 - 4 \\ \cline{1-3}
 & & -4x^2 & -\ 4x & +\ 24 & \\
 & & 4x^2 & +\ 4x & -\ 24 & \text{El resto es } 0. \\ \cline{3-5}
 & & & & 0 & \text{Es una división exacta.}
\end{array}
$$

Por ser la división exacta, el dividendo se puede poner como producto de dos factores:

$$x^4 + x^3 - 10x^2 - 4x + 24 = (x^2 - 4)(x^2 + x - 6)$$

Los polinomios, al igual que los números enteros, se pueden descomponer en productos de factores. En nuestro empeño por conseguirlo, nos enfrentamos con el siguiente problema:

Si tenemos un polinomio $P(x)$, ¿cómo averiguar por qué otro polinomio puedo dividirlo para que la división sea exacta?

En los números enteros esta pregunta se respondía con los criterios de divisibilidad. Para los polinomios, tendremos algo lejanamente parecido.

En esa búsqueda habremos de efectuar multitud de divisiones, la mayoría de las veces por expresiones del tipo $x - a$. En el próximo apartado vamos a prepararnos para ello.

Recuerda

Grado del dividendo, m; Grado del divisor, n $\Big\}\ m \geq n$

Grado del cociente, $m - n$

Grado del resto $< n$

División entera en $\mathbb{Z}$

$$
\begin{array}{r|l}
89 & 5 \\ \cline{2-2}
39 & 17 \\
4 &
\end{array}
\qquad 89 = 5 \cdot 17 + 4, \quad \text{o bien, } \frac{89}{5} = 17 + \frac{4}{5}
$$

El resultado de la división no es un número entero.

anayaeducacion.es
Practica la división de polinomios.

Descomposición en factores

$P(x) = x^4 + x^3 - 10x^2 - 4x + 24$ se ha descompuesto en producto de dos factores: $P(x) = (x^2 - 4)(x^2 + x - 6)$.

Y cada uno de esos factores, a su vez, se puede descomponer:

$x^2 - 4 = (x - 2)(x + 2)$

$x^2 + x - 6 = (x - 2)(x + 3)$

Por tanto:

$$P(x) = (x - 2)(x + 2)(x - 2)(x + 3) = (x - 2)^2(x + 2)(x + 3)$$

Vamos a intentar descomponer, de este modo, cualquier polinomio.

2 REGLA DE RUFFINI

División de un polinomio por $x - a$

Vamos a recordar, con varios ejemplos, cómo se divide un polinomio por $x - a$ utilizando la regla de Ruffini.

- Dividimos $P(x) = 3x^4 - 2x^3 - 10x + 7$ entre $x - 2$:

	3	–2	0	–10	7
2		6	8	16	12
	3	4	8	6	19

Se trata de una división entera.

Cociente: $3x^3 + 4x^2 + 8x + 6$

Resto: 19

Por tanto, $3x^4 - 2x^3 - 10x + 7 = (x - 2)(3x^3 + 4x^2 + 8x + 6) + 19$.

O bien: $\dfrac{3x^4 - 2x^3 - 10x + 7}{x - 2} = 3x^3 + 4x^2 + 8x + 6 + \dfrac{19}{x - 2}$

- Otro ejemplo. Dividimos $P(x) = 2x^3 - 5x^2 + 4x - 6$ entre $x + 3$:

	2	–5	4	–6
–3		–6	33	–111
	2	–11	37	–117

Se trata de una división entera.

Cociente: $2x^2 - 11x + 37$

Resto: –117

Por tanto, $2x^3 - 5x^2 + 4x - 6 = (x + 3)(2x^2 - 11x + 37) - 117$.

O bien: $\dfrac{2x^3 - 5x^2 + 4x - 6}{x + 3} = 2x^2 - 11x + 37 - \dfrac{117}{x + 3}$

- ¿Se puede usar la regla de Ruffini para dividir por $2x + 8$? Sí, veamos cómo:

Puesto que $2x + 8 = 2(x + 4)$, dividimos por $x + 4$ y «echamos cuentas».

Por ejemplo: dividimos $x^3 + 2x + 2$ por $2x + 8$:

	1	0	2	2
–4		–4	16	–72
	1	–4	18	–70

Cociente: $x^2 - 4x + 18$

Resto: –70

$$\frac{x^3 + 2x + 2}{2x + 8} = \frac{1}{2} \cdot \frac{x^3 + 2x + 2}{x + 4} = \frac{1}{2} \cdot \left(x^2 - 4x + 18 - \frac{70}{x + 4}\right) =$$

$$= \frac{x^2}{2} - 2x + 9 - \frac{70}{2x + 8}$$

¿Regla de «Ruffini»?

Paolo Ruffini fue un matemático italiano que vivió entre los siglos XVIII y XIX. Se le dio su nombre a esta regla porque la utilizó en la demostración de una importante propiedad matemática. Pero dicha regla ya aparecía en un libro de álgebra de Pietro Paoli publicado 25 años antes.

anayaeducacion.es

Actividades para reforzar la aplicación de la regla de Ruffini.

División de $P(x)$ por $(mx + n)$

$$mx + n = m\left(x + \frac{n}{m}\right)$$

Por tanto:

Se efectúa la división $P(x) : (x + n/m)$ (Ruffini tomando $a = -n/m$).

Cociente: $C(x)$; Resto: R.

Pues bien, el resultado de la división $P(x) : (mx + n)$ es:

Cociente: $\dfrac{1}{m}C(x)$; Resto: R

Piensa y practica

1 Calcula el cociente y el resto de la división de $x^4 + 3x^3 - 3x^2 + 3x - 4$ entre los siguientes polinomios:

a) $x - 1$ b) $x + 1$ c) $x - 2$

d) $x - 4$ e) $x + 4$ f) $x - 3$

Indica en cada caso si la división es entera o exacta.

2 Realiza la división de $P(x) = 4x^3 + 12x^2 + 5x - 6$ entre cada uno de los siguientes polinomios y expresa el resultado así: $\dfrac{\text{dividendo}}{\text{divisor}} = \text{cociente} + \dfrac{\text{resto}}{\text{divisor}}$.

a) $x - 1$ b) $2x - 1$ c) $x + 2$

d) $2x + 4$ e) $2x + 3$ f) $x - 2$

Valor de un polinomio para $x = a$

El valor numérico de un polinomio, $P(x)$, para $x = a$, es el número que se obtiene al sustituir la x por a y efectuar las operaciones indicadas. A ese número se le llama $P(a)$.

Por ejemplo, si $P(x) = 5x^3 - 3x^2 + 12x - 8$, para $x = 2$ obtenemos:

$$P(2) = 5 \cdot 2^3 - 3 \cdot 2^2 + 12 \cdot 2 - 8 = 44$$

Este valor, $P(2) = 44$, coincide con el resto de dividir $P(x)$ entre $x - 2$. Y esto no es casual, sino general.

Teorema del resto

El valor que toma un polinomio, $P(x)$, cuando hacemos $x = a$, coincide con el resto de la división $P(x) : (x - a)$. Es decir, $P(a) = r$.

Demostración

$$\begin{array}{c|l} P(x) & x-a \\ \cline{2-2} r & C(x) \end{array}$$

$P(x) = (x - a)\, C(x) + r$

Si hacemos $x = a$:

$P(a) = (a - a)\, C(a) + r = r$

Digámoslo más claramente:

— Si en $P(x)$ sustituimos x por a y hacemos las operaciones, obtenemos un número al que llamamos $P(a)$ **(valor del polinomio para $x = a$).**

— Si dividimos $P(x)$ entre $x - a$, el resto es un número r.

Pues bien, el teorema nos asegura que $P(a) = r$.

Según este resultado, podemos calcular $P(a)$ mediante la regla de Ruffini.

anayaeducacion.es Aplicaciones de la regla de Ruffini con HOJA DE CÁLCULO.

CURIOSIDAD. Vamos a aplicar la regla de Ruffini dejando indicadas las operaciones y observaremos que el resto adopta la forma de $P(a)$.

Tomamos $P(x) = 5x^3 - 3x^2 + 12x - 8$ y $a = 2$.

	5	–3	12	–8
2		$5 \cdot 2$	$(5 \cdot 2 - 3) \cdot 2$	$(5 \cdot 2^2 - 3 \cdot 2 + 12) \cdot 2$
	5	$5 \cdot 2 - 3$	$5 \cdot 2^2 - 3 \cdot 2 + 12$	$\mathbf{5 \cdot 2^3 - 3 \cdot 2^2 + 12 \cdot 2 - 8}$

Es evidente que el resto es el resultado de sustituir en el polinomio la x por 2.

Atención

Lo de arriba es una demostración. Lo que hay a la derecha es una simple comprobación. Sin embargo, es posible que esto te resulte más convincente que aquello. Míralo con atención.

Ejercicio resuelto

Hallar el valor del polinomio

$$7x^5 - 42x^4 + 190x^2 - 13$$

para $x = 3$ y para $x = -1{,}27$.

	7	–42	0	190	0	–13
3		21	–63	–189	3	9
	7	–21	–63	1	3	–4

El valor del polinomio para $x = 3$ coincide con el resto de dividir por $x - 3$. Por tanto, $P(3) = -4$.

Para $x = -1{,}27$ es muy conveniente hacerlo con calculadora:

–1,27 [STO] [(–)] [×] 7 [=] [–] 42 [=] [×] [ALPHA] [(–)] [+] 0 [=] [×] [ALPHA] [(–)] [+] 190 [=] [×] [ALPHA] [(–)] [+] 0 [=] [×] [ALPHA] [(–)] [–] 13 [=] 161,0633922

El resultado es 161,0633922…

Piensa y practica

anayaeducacion.es Practica divisiones utilizando la regla de Ruffini.

3 Utiliza la regla de Ruffini para hallar $P(a)$ en los siguientes casos:

a) $P(x) = 7x^4 - 5x^2 + 2x - 24$, $a = 2$, $a = -5$, $a = 10$

b) $P(x) = 3x^3 - 8x^2 + 3x$, $a = -3$, $a = 1$, $a = 8$

3 RAÍZ DE UN POLINOMIO. BÚSQUEDA DE RAÍCES

Un número, a, se llama **raíz** de un polinomio $P(x)$ si $P(a) = 0$.

Las raíces de un polinomio son las soluciones de la ecuación $P(x) = 0$.

Por tanto, si a es raíz de $P(x)$, entonces $P(x) = (x - a)\,Q(x)$.

	1	–8	17	–10
5		5	–15	10
	1	–3	2	0

$x^3 - 8x^2 + 17x - 10 = (x - 5)(x^2 - 3x + 2)$

Por ejemplo, 5 es raíz de $x^3 - 8x^2 + 17x - 10$ porque $5^3 - 8 \cdot 5^2 + 17 \cdot 5 - 10 = 0$.

Podemos comprobarlo con la regla de Ruffini (ver margen).

La regla de Ruffini nos ayuda a descomponer un polinomio en factores. Pero, para ello, debemos aprender a buscar sus raíces. El siguiente criterio nos ayuda en la búsqueda.

Un criterio para buscar raíces enteras de un polinomio

La división $(3x^3 - 7x^2 - 11x + 15) : (x - 3)$ es exacta. Para que así sea, en el proceso de división mediante la regla de Ruffini el último producto $3 \cdot (-5)$ ha tenido que ser igual, con signo cambiado, al término independiente, 15. Es decir, el término independiente ha de ser múltiplo de 3.

	3	–7	–11	15
3		9	6	3 · (–5)
	3	2	–5	0

Idea clave

Para que la división sea exacta, el término independiente, 15, ha de ser múltiplo de 3 → $15 = 3 \cdot 5$

Razonando de este modo, obtenemos la siguiente regla, muy útil para localizar las raíces enteras de un polinomio.

Para que un polinomio con coeficientes enteros sea divisible por $x - a$, es necesario que su término independiente sea múltiplo de a (a entero).

Por tanto, para buscar expresiones $x - a$ que sean divisores de un polinomio, probaremos con los valores enteros de a (positivos y negativos) que sean divisores del término independiente.

Atención

Este criterio es muy útil para limitar la búsqueda de divisores de un polinomio. Solo es válido para polinomios con coeficientes enteros. Y únicamente sirve para localizar los valores enteros de a.

Ejercicios resueltos

1 ***Encontrar algún divisor $x - a$ (donde a es un número entero) del polinomio:***

$P(x) = x^3 + x^2 - 7x + 20$

Para que $P(x)$ sea divisible por $x - a$, es necesario que a sea divisor de 20. Probemos, pues, dándole a a los valores ±1, ±2, ±4, ±5, ±10.

Para los números 1, –1, 2 y –2, no se obtiene 0 de resto.

	1	1	–7	20
4		4	20	52
	1	5	13	72

Ahora probamos para $a = 4$. El resto no es 0. Por tanto, $P(x)$ tampoco es divisible por $x - 4$.

	1	1	–7	20
–4		–4	12	–20
	1	–3	5	0

Sin embargo, para $a = -4$ la división sí es exacta, pues el resto es 0.

$P(x)$ entre $(x + 4)$ es $x^2 - 3x + 5$.

¡ATENCIÓN! Podría haber ocurrido que $P(x)$ no fuera divisible por $x - a$ para ningún a divisor del resto. Es decir, para ningún a entero.

2 ***Decir si $x = 5$ puede ser raíz de cada uno de estos polinomios:***

$P_1(x) = x^5 - 11x^3 + 17x + 18$

$P_2(x) = 2x^4 - 10x^3 - 2x^2 + 12x - 10$

$P_3(x) = 2x^3 - 17x^2 + 23x + 40$

En caso afirmativo, comprobar si realmente lo es.

- $P_1(x)$ no puede ser divisible por $x - 5$ porque su término independiente, 18, no es múltiplo de 5.
- $P_2(x)$ podría ser divisible por $x - 5$ porque su término independiente, –10, es múltiplo de 5. Veamos si lo es:

	2	–10	–2	12	–10
5		10	0	–10	10
	2	0	–2	2	0

$P_2(x)$ sí es divisible por $x - 5$:

$P_2(x) = (x - 5)(2x^3 - 2x + 2)$

- $P_3(x)$ podría ser divisible por $x - 5$ porque su término independiente, 40, es múltiplo de 5. Veamos si realmente lo es:

	2	–17	23	40
5		10	–35	–60
	2	–7	–12	–20

La división no es exacta. Por tanto, $P_3(x)$ no es múltiplo de $x - 5$.

Por tanto, $x = 5$ solo es raíz de $P_2(x)$.

3 ***Inventar un polinomio de 3.er grado cuyas raíces sean 0, 1 y 2.***

$P(x) = x(x - 1)(x - 2)$ cumple esta condición.

En general, la cumple cualquier polinomio de este tipo:

$$Kx(x - 1)(x - 2), \text{ con } K \neq 0$$

4 ***Inventar un polinomio de 2.º grado que no tenga raíces.***

Cualquier expresión de segundo grado sin raíces reales.

Por ejemplo: $P(x) = x^2 + 5x + 10$

5 ***Inventar un polinomio de 4.º grado que no tenga raíces.***

Buscamos dos polinomios de 2.º grado sin raíces y los multiplicamos.

Por ejemplo: $P(x) = (x^2 + 1)^2 = x^4 + 2x^2 + 1$

6 ***Inventar un polinomio de 3.er grado que no tenga raíces.***

¡Imposible! **Un polinomio $P(x)$ de grado impar seguro que tiene, al menos, una raíz.**

La justificación no es fácil, de modo que nos conformaremos con saberlo sin haberlo demostrado.

Piensa y practica

anayaeducacion.es Practica la búsqueda de raíces de un polinomio.

1 Indica, sin realizar las operaciones, si $x = -3$ puede ser raíz de cada uno de estos polinomios:

a) $P(x) = x^2 - x - 12$

b) $P(x) = x^4 + 2x^2 - x + 8$

c) $P(x) = x^3 + 3x^2 - 5x - 27$

d) $P(x) = x^3 + 3x^2 + x + 3$

En caso afirmativo, comprueba si es o no raíz.

2 Indica las posibles raíces enteras de cada uno de los polinomios del ejercicio anterior. Comprueba cuáles lo son.

3 El polinomio $x^4 + 3x^3 - 2x^2 - 10x - 12$ es divisible por $x - a$ para dos valores enteros de a.

Localízalos y da el cociente en ambos casos.

4 Comprueba que el polinomio $x^4 + x^3 + 7x^2 + 2x + 10$ no es divisible por $x - a$ para ningún valor de a entero.

5 Inventa un polinomio de tercer grado cuyas raíces sean 3, –2 y –1.

6 Inventa un polinomio de cuarto grado, distinto al del ejercicio resuelto 5, que no tenga raíces.

7 Inventa un polinomio de cuarto grado que tenga solo dos raíces: $x = 2$ y $x = -3$.

8 Inventa un polinomio de segundo grado que tenga como raíz doble $x = -3$.

9 ¿Hay algún polinomio de primer grado sin raíces? Justifica la respuesta y pon un ejemplo.

4 FACTORIZACIÓN DE POLINOMIOS

Observa

La regla de Ruffini nos permite rastrear en las raíces enteras. Sin embargo, en un polinomio de grado mayor que dos sin raíces enteras es poco probable que seamos capaces de efectuar la descomposición en factores. Por ejemplo, las raíces del polinomio $12x^3 + 4x^2 - 3x - 1$ son $1/2$, $-1/2$ y $-1/3$, pero detectarlas no es nada fácil.

Factorizar un polinomio es descomponerlo en producto de polinomios (factores) del menor grado posible.

La factorización de polinomios es, pues, un procedimiento similar a la descomposición de un número entero en factores primos. Los «polinomios del menor grado posible» que usaremos este curso y que juegan el mismo papel que los números primos son:

— Expresiones de 1.er grado del tipo x, $x - a$, $x + a$.

— Expresiones de 2.º grado sin raíces reales.

Procedimiento para factorizar un polinomio

Si es posible, empezaremos sacando factor común. En algunos casos podremos reconocer productos notables. Utilizaremos la regla de Ruffini para buscar raíces enteras del polinomio. También podemos resolver ecuaciones para buscar raíces de polinomios de segundo grado. Veamos unos ejemplos:

Ejemplo 1

Factoricemos $P(x) = 9x^4 + 18x^3 - 28x^2 - 2x + 3$:

Para localizar las raíces de $P(x)$, iremos probando con los divisores (positivos y negativos) de 3. Empecemos (como ves en el margen) por -1 (*) y por 1 (**).

	9	18	−28	−2	3
(*) −1		−9	−9	37	−35
	9	9	−37	35	−32

−1 no es raíz.

	9	18	−28	−2	3
(**) 1		9	27	−1	−3
	9	27	−1	−3	0

1 sí es raíz.

	9	27	−1	−3
(***) −3		−27	0	3
	9	0	−1	0

−3 sí es raíz.

Puesto que 1 es raíz, podemos poner $P(x) = (x - 1)(9x^3 + 27x^2 - x - 3)$.

Ahora buscamos las raíces de $P_1(x) = 9x^3 + 27x^2 - x - 3$:

El valor -1 ha quedado descartado. Probamos de nuevo con 1 y resulta que no lo es (es decir, 1 es una *raíz simple*). A continuación, probamos con -3 (***), y constatamos que sí es raíz de $P_1(x)$ y, por tanto, de $P(x)$.

$$P_1(x) = (x + 3)(9x^2 - 1)$$

Reconocemos que $9x^2 - 1 = (3x + 1)(3x - 1)$. Por tanto, el resultado final es:

$$P(x) = (x - 1)(x + 3)(3x + 1)(3x - 1) = 9(x - 1)(x + 3)(x + 1/3)(x - 1/3)$$

Ejemplo 2

Factoricemos $Q(x) = x^5 + 5x^4 - 14x^3$.

Empecemos por extraer x^3 como factor común: $Q(x) = x^3(x^2 + 5x - 14)$

Ahora resolvemos la ecuación $x^2 + 5x - 14 = 0$, obteniendo $x_1 = 2$ y $x_2 = -7$.

Por tanto, $Q(x) = x^3(x - 2)(x + 7)$.

IMPORTANTE

- Si llegamos a un polinomio de segundo grado sin raíces, dicho polinomio queda como un único factor (no se puede descomponer en dos factores).

  Por ejemplo: $x^4 + 3x^3 - 2x^2 - 10x - 12 = (x - 2)(x + 3)(x^2 + 2x + 2)$

- Si un polinomio tiene más de dos raíces no enteras, entonces, aunque pueda factorizarse, nosotros no tenemos medios para hacerlo fácilmente.

  Por ejemplo: $18x^3 + 9x^2 - 2x - 1 = 18(x - 1/3)(x + 1/3)(x + 1/2)$

anayaeducacion.es
Factorización de polinomios mediante la regla de Ruffini.

Ejercicios resueltos

1 ***Factorizar y decir cuáles son las raíces.***

$P(x) = 12x^5 - 36x^4 + 27x^3$

Todos los sumandos tienen el factor x^3. Los coeficientes 12, –36 y 27 son múltiplos de 3. Por tanto, podemos sacar $3x^3$ como factor común.

$$P(x) = 3x^3(4x^2 - 12x + 9)$$

Observamos que $4x^2 - 12x + 9$ es igual a $(2x - 3)^2$.

$$P(x) = 3x^3(2x - 3)^2$$

Obtenemos las raíces igualando a 0 cada factor.

Las raíces de $P(x)$ son 0 (raíz triple) y 3/2 (raíz doble).

2 ***Factorizar.***

$Q(x) = 4x^2 - 8x + 3$

Buscamos las raíces igualando a 0 y resolviendo la ecuación:

$$4x^2 - 8x + 3 = 0 \rightarrow x = \frac{1}{2};\ x = \frac{3}{2}$$

Por tanto: $Q(x) = 4\left(x - \frac{1}{2}\right)\left(x - \frac{3}{2}\right)$, o bien:

$$Q(x) = 2\left(x - \frac{1}{2}\right)2\left(x - \frac{3}{2}\right) = (2x - 1)(2x - 3)$$

3 ***Factorizar.***

$R(x) = x^3 - x + 6$

Utilizamos la regla de Ruffini para localizar una raíz entre los divisores de 6:

	1	0	–1	6
–2		–2	4	–6
	1	–2	3	0

–2 es una raíz de $R(x)$.

Buscamos raíces de $x^2 - 2x + 3$:

$x^2 - 2x + 3 = 0$ no tiene solución.

Hemos llegado a un polinomio de segundo grado que no tiene raíces.

Entonces: $R(x) = (x + 2)(x^2 - 2x + 3)$

4 ***Factorizar.***

$S(x) = 10x^4 - 3x^3 - 41x^2 + 12x + 4$

Buscamos las raíces enteras entre los divisores de 4:

	10	–3	–41	12	4
2		20	34	–14	–4
	10	17	–7	–2	0 ← 2 es raíz de $S(x)$.
–2		–20	6	2	
	10	–3	–1	0 ← –2 es raíz de $S(x)$.	

Como no encontramos más raíces enteras, probamos resolviendo la ecuación:

$$10x^2 - 3x - 1 = 0 \rightarrow x = \frac{1}{2},\ x = -\frac{1}{5}$$

Entonces: $10x^2 - 3x - 1 = 10\left(x - \frac{1}{2}\right)\left(x + \frac{1}{5}\right) = (2x - 1)(5x + 1)$

Por tanto: $S(x) = (x - 2)(x + 2)(2x - 1)(5x + 1)$, o bien:

$$S(x) = 10(x - 2)(x + 2)\left(x - \frac{1}{2}\right)\left(x + \frac{1}{5}\right)$$

Piensa y practica

anayaeducacion.es Factorización de polinomios.

1 Factoriza los siguientes polinomios:

a) $3x^2 + 2x - 8$ b) $3x^5 - 48x$ c) $2x^3 + x^2 - 5x - 10$

d) $x^3 - 7x^2 + 8x + 16$ e) $x^4 + 2x^3 - 23x^2 - 60x$ f) $9x^4 - 36x^3 + 26x^2 + 4x - 3$

5 DIVISIBILIDAD DE POLINOMIOS

En apartados anteriores de esta unidad ya hemos tratado aspectos relacionados con la divisibilidad de polinomios: división exacta, descomposición factorial… Ahora vamos a sistematizarlo y a completarlo haciendo simultáneamente un paralelismo con la divisibilidad en el campo de los números enteros.

Múltiplos y divisores

Un polinomio, $D(x)$, es **divisor** de otro, $P(x)$, si la división $P(x) : D(x)$ es exacta. En tal caso, $P(x)$ es **múltiplo** de $D(x)$, pues $P(x) = D(x) \cdot C(x)$.

Por ejemplo, $x^2 + x$ es divisor de $x^3 - x$ porque $(x^3 - x) : (x^2 + x) = x - 1$ es exacta. Así, $x^3 - x$ es múltiplo de $x^2 + x$, pues $x^3 - x = (x^2 + x) \cdot (x - 1)$.

Sin embargo, no consideramos que $6x + 3$ sea múltiplo propiamente dicho de $2x + 1$, aunque $6x + 3 = 3(2x + 1)$, porque el factor 3 es un número y no un polinomio de grado mayor o igual a 1.

Polinomios irreducibles

Un polinomio se llama **irreducible** si no tiene ningún divisor de grado inferior al suyo.

Por ejemplo, x, $x - 3$, $x^2 + 1$, $x^2 - 3x + 3$ son irreducibles.

También es irreducible $6x + 3$, aunque sea divisible por el número 3.

No es irreducible $x^2 + 8x + 15$, porque es igual a $(x + 3)(x + 5)$.

Solo hay polinomios irreducibles de primer y de segundo grado. Un polinomio de cuarto grado sin raíces, aunque no seamos capaces de obtener su descomposición, podemos estar seguros de que es producto de dos polinomios de segundo grado.

Los polinomios irreducibles desempeñan el mismo papel que los números primos en la divisibilidad numérica.

Polinomios primos entre sí

Dos polinomios son primos entre sí cuando no hay ningún polinomio divisor de ambos. Por ejemplo:

- $2x^2 - 2$ y $6x - 4$ son primos entre sí aunque ambos se pueden dividir por 2.
- $x^2 - 1$ y $x^2 - x$ no son primos entre sí porque ambos son divisibles por $x - 1$.

Descomposición en factores (factorización)

La factorización de un polinomio como producto de polinomios irreducibles es similar a la descomposición de un número en factores primos. Y en el proceso de localización de raíces, podemos poner los resultados como hacíamos con los números. Por ejemplo:

$x^5 - x^4 - 7x^3 + 7x^2 - 36$	$x + 2$
$x^4 - 3x^3 - x^2 + 9x - 18$	$x + 2$
$x^3 - 5x^2 + 9x - 9$	$x - 3$
$x^2 - 2x + 3$	$x^2 - 2x + 3$
1	↑

No tiene raíces.
Por tanto es irreducible.

	1	–1	–7	7	0	–36
–2		–2	6	2	–18	36
	1	–3	–1	9	–18	0
–2		–2	10	–18	18	
	1	–5	9	–9	0	
3		3	–6	9		
	1	–2	3	0		

$$x^5 - x^4 - 7x^3 + 7x^2 - 36 = (x + 2)^2 (x - 3) (x^2 - 2x + 3)$$

Máximo común divisor y mínimo común múltiplo

máx.c.d. (18, 30) = 6, porque 6 es divisor de 18 y de 30 y no hay otro número mayor que 6 que lo sea.

Se dice que $D(x)$ es el **máximo común divisor** de dos polinomios, $P(x)$ y $Q(x)$:

$$\text{máx.c.d. } [P(x),\ Q(x)] = D(x)$$

si es divisor de ambos y no hay otro polinomio divisor común que tenga mayor grado que él.

Cálculo del máx.c.d. (1 320, 2 100):

$1\,320 = 2^3 \cdot 3 \cdot 5 \cdot 11$

$2\,100 = 2^2 \cdot 3 \cdot 5^2 \cdot 7$

máx.c.d. (1 320, 2 100) = $= 2^2 \cdot 3 \cdot 5 = 60$

Para obtenerlo en la práctica, se procede igual que con los números: partimos de la descomposición factorial de los polinomios y tomamos los factores que coincidan en ambos con el menor de los exponentes en cada caso. Por ejemplo:

$$\left.\begin{array}{l} P(x) = (x+2)(x-3)^3(x^2+2x+3) \\ Q(x) = (x+2)^2(x-3)^2(x-7) \end{array}\right\} \to \text{máx.c.d. } [P(x),\ Q(x)] = (x+2)(x-3)^2$$

mín.c.m. (18, 30) = 90, porque 90 es múltiplo de 18 y de 30 y no hay otro número menor que 90 que lo sea.

Se dice que $M(x)$ es el **mínimo común múltiplo** de dos polinomios, $P(x)$ y $Q(x)$:

$$\text{mín.c.m. } [P(x),\ Q(x)] = M(x)$$

si es múltiplo de ambos y no hay otro polinomio múltiplo común que tenga menor grado que él.

Cálculo del mín.c.m. (1 320, 2 100):

$1\,320 = 2^3 \cdot 3 \cdot 5 \cdot 11$

$2\,100 = 2^2 \cdot 3 \cdot 5^2 \cdot 7$

mín.c.m. (1 320, 2 100) = $= 2^3 \cdot 3 \cdot 5^2 \cdot 7 \cdot 11 = 46\,200$

Para obtenerlo en la práctica, se procede como con los números: partimos de la descomposición factorial de ambos polinomios y tomamos todos los factores, coincidentes o no, con los mayores exponentes que presenten. Por ejemplo:

$$\left.\begin{array}{l} P(x) = (x+2)(x-3)^3(x^2+2x+3) \\ Q(x) = (x+2)^2(x-3)^2(x-7) \end{array}\right\} \to \text{mín.c.m. } [P(x),\ Q(x)] = (x+2)^2(x-3)^3(x-7)(x^2+2x+3)$$

Piensa y practica

1 Razona si existe alguna relación de divisibilidad entre los siguientes pares de polinomios:

a) $P(x) = x^3 - 7x^2$ y $Q(x) = x^3 - 7x$

b) $P(x) = x^3 - 7x^2$ y $Q(x) = x^2 - 7x$

c) $P(x) = x^4 - 3x - 10$ y $Q(x) = x - 2$

2 Busca dos polinomios de 3.er grado que sean divisibles por $x - 5$ y x. Calcula su máx.c.d. y su mín.c.m.

3 Indica cuáles de los siguientes polinomios son irreducibles. Descompón en factores los que no lo sean.

a) $x^2 - 3x + 2$ b) $x^2 - 5x + 6$

c) $3x^2 + 5x$ d) $3x^2 - 5x - 2$

e) $3x^2 - 5x + 3$ f) $3x^3 - 5x^2 + 3x$

4 Halla mentalmente (sin operar) el máx.c.d. y el mín.c.m. de los siguientes pares de polinomios:

a) $x^2 - 1$ y $(x+1)^2$ b) $x^2 + x$ y $x^2 - x$

c) $x^3 - x$ y $x^2 - 1$ d) $x^2 + 1$ y x^2

5 Halla el máx.c.d. y el mín.c.m. de P y Q en cada caso:

a) $P(x) = x^2 - 9$, $Q(x) = x^2 - 6x + 9$

b) $P(x) = x^3 - 7x^2 + 12x$, $Q(x) = x^4 - 3x^3 - 4x^2$

c) $P(x) = x(x-3)^2(x+5)$, $Q(x) = x^3(x-3)(x^2+x+2)$

6 $P(x) = (x-2)^2 x^2$. Busca un polinomio de tercer grado, $Q(x)$, que cumpla las dos condiciones siguientes:

a) máx.c.d. $[P(x),\ Q(x)] = x^2 - 2x$

b) mín.c.m. $[P(x),\ Q(x)] = (x-2)^2 x^2 (x+5)$

6 FRACCIONES ALGEBRAICAS

Las fracciones de polinomios se comportan, también, de forma muy parecida a las fracciones numéricas. Observa en las siguientes definiciones y procedimientos la similitud que existe entre ambas.

Se llama **fracción algebraica** al cociente indicado de dos polinomios $\frac{P(x)}{Q(x)}$.

Por ejemplo, son fracciones algebraicas:

$$\frac{3x+18}{2x^2-5x+1} \qquad \frac{1}{x+7} \qquad \frac{x^3-3x^2-2}{x^2+1} \qquad \frac{4x^2+1}{7}$$

Atención

Un polinomio puede ser considerado como una fracción algebraica de denominador 1.

Simplificación

Si el numerador y el denominador de una fracción algebraica se pueden dividir por un mismo polinomio (de grado mayor o igual que 1), al hacerlo se simplifica la fracción.

Si dividimos numerador y denominador por su máx.c.d., se obtiene una **fracción irreducible.**

Por ejemplo: $\frac{x^3-5x^2+10x-8}{x^2+5x-14} = \frac{(x^2-3x+4)(x-2)}{(x+7)(x-2)} = \frac{x^2-3x+4}{x+7}$

Observa

Una fracción algebraica es irreducible si su numerador y su denominador son primos entre sí.

Fracciones equivalentes

Dos fracciones algebraicas son equivalentes si:

- Una de ellas se obtiene simplificando la otra.
- O bien, ambas, al simplificarse, dan lugar a la misma fracción.

Por ejemplo, las siguientes fracciones son equivalentes porque, al simplificarse, ambas dan lugar a la misma fracción:

$$\frac{x^2+3x}{x^2+5x+6} = \frac{x(x+3)}{(x+2)(x+3)} = \frac{x}{x+2}$$

$$\frac{3x^2-x}{3x^2+5x-2} = \frac{x(3x-1)}{(x+2)(3x-1)} = \frac{x}{x+2}$$

Cálculo mental

1. Simplifica estas fracciones:

a) $\frac{2x}{x^2+x}$ b) $\frac{x+1}{(x+1)^2}$

c) $\frac{x+1}{x^2-1}$ d) $\frac{x^2-6x+9}{x-3}$

e) $\frac{x^2-2x}{x^2-3x}$ f) $\frac{x^3-4x^2}{x^3}$

2. Di si cada par de fracciones son equivalentes o no:

a) $\frac{x-3}{x^2-3x}$ y $\frac{x}{x^2}$

b) $\frac{x}{x-1}$ y $\frac{x-1}{x}$

c) $\frac{1}{x-1}$ y $\frac{x+1}{x^2-1}$

Piensa y practica

anayaeducacion.es Simplifica fracciones algebraicas.

1 Simplifica las siguientes fracciones:

a) $\frac{2x^2-6x}{4x^3-2x}$ b) $\frac{(x-3)^2\,x(x+3)}{(x-3)\,x^2(x+2)}$

c) $\frac{x^3+3x^2+x+3}{x^3+3x^2}$ d) $\frac{x^3-5x^2+6x}{x^3-x^2-14x+24}$

2 Comprueba si cada par de fracciones son equivalentes:

a) $\frac{x^3-x}{x^3+x^2}$ y $\frac{3x-3}{3x}$

b) $\frac{(x+5)^2}{x^3+10x^2+25x}$ y $\frac{x-3}{3x-x^2}$

Reducción a común denominador

Al multiplicar el numerador y el denominador de una fracción algebraica por un mismo polinomio, se obtiene una fracción equivalente.

Por tanto, si tenemos varias fracciones algebraicas, podemos obtener otras que, siendo, respectivamente, equivalentes a las primeras, tengan entre sí el mismo denominador. Se dice, entonces, que se han reducido a **común denominador.**

Operaciones: suma, resta, multiplicación y división

Para **sumar** fracciones algebraicas, se reducen a común denominador (si no lo están ya) y se suman sus numeradores. La **resta** es un caso particular de la suma.

El **producto** de dos fracciones algebraicas es el producto de sus numeradores partido por el producto de sus denominadores.

Fracción inversa de otra. La fracción inversa de $\frac{x^2-5x}{3x-1}$ es $\frac{3x-1}{x^2-5x}$, pues su producto es una fracción equivalente al número 1.

El **cociente** de dos fracciones algebraicas es igual al producto de la primera por la inversa de la segunda.

Para multiplicar y dividir fracciones algebraicas, a veces resulta mucho más sencillo simplificar antes de operar. Para ello, es conveniente factorizar numerador y denominador. Por ejemplo:

$$\frac{x^2-1}{x^2+2x+1}\cdot\frac{x+2}{x-1}=\frac{(x+1)(x-1)(x+2)}{(x+1)^2(x-1)}=\frac{x+2}{x+1}$$

Cálculo mental

1. Reduce a común denominador.

a) $\frac{3x+1}{x^2}$ y $\frac{3}{x}$

b) $\frac{5}{x-1}$ y $\frac{x}{(x+1)(x-1)}$

c) $\frac{3}{x+1}$ y $\frac{2}{x^2-1}$

2. Opera.

a) $\frac{3x+1}{x^2}-\frac{3}{x}$

b) $\frac{3}{x+1}+\frac{2}{x^2-1}$

c) $\frac{2x}{x+2}\cdot\frac{x^2-4}{x}$

d) $\frac{x^2}{x^2-25}:\frac{x}{x-5}$

anayaeducacion.es
Operaciones con fracciones algebraicas.

Ejercicios resueltos

1 ***Efectuar.***

$$\frac{x+7}{x}-\frac{x^2-2}{x(x+1)}+\frac{2x-1}{x+1}$$

Hemos de reducir a común denominador las tres fracciones. El denominador común es $x(x+1)$. Por tanto:

$$\frac{(x+7)(x+1)}{x(x+1)}-\frac{x^2-2}{x(x+1)}+\frac{(2x-1)x}{x(x+1)}=$$

$$=\frac{(x^2+8x+7)-(x^2-2)+(2x^2-x)}{x(x+1)}=\frac{2x^2+7x+9}{x^2+x}$$

2 ***Efectuar.***

$$\left(\frac{3x+5}{x-3}\cdot\frac{8}{x^2}\right):\frac{2x-1}{x^2+x}$$

$$\left(\frac{3x+5}{x-3}\cdot\frac{8}{x^2}\right):\frac{2x-1}{x^2+x}=\frac{(3x+5)\cdot 8}{(x-3)x^2}\cdot\frac{x^2+x}{2x-1}=$$

$$=\frac{(3x+5)\cdot 8\cdot(x^2+x)}{(x-3)x^2\cdot(2x-1)}=\frac{24x^3+64x^2+40x}{2x^4-7x^3+3x^2}=\frac{24x^2+64x+40}{2x^3-7x^2+3x}$$

Piensa y practica

3 Efectúa las operaciones y simplifica el resultado.

a) $\frac{2x+1}{x+3}-\frac{x^2+5}{x^2+3x}$

b) $\frac{3}{x}\left(\frac{x}{x+1}-\frac{x^2}{x^2-1}\right)$

c) $\frac{5x-10}{x+3}\cdot\frac{x^2-9}{x-2}$

d) $\frac{3x-1}{x}-\frac{x+3}{x^2-2x}+\frac{2x+5}{x-2}$

e) $\frac{2x+1}{2x-1}:\frac{x^2}{4x-2}$

f) $\frac{x^2}{x-1}:\left(\frac{1}{x}-\frac{1}{x-1}\right)$

7 DESCOMPONER UNA FRACCIÓN ALGEBRAICA EN FRACCIONES ELEMENTALES

Llamaremos **fracción algebraica elemental** a aquella cuyo numerador es un número y cuyo denominador es un polinomio de primer grado del tipo $x - a$.

Por ejemplo: $\dfrac{3}{x-5}$ $\quad \dfrac{-2}{x}$ $\quad \dfrac{\sqrt{3}}{x-1/3}$ $\quad \dfrac{5}{4x+1} = \dfrac{5/4}{x+1/4}$

Pues bien:

Una fracción algebraica cuyo denominador solo tenga raíces simples se puede descomponer en suma de un polinomio y de fracciones elementales.

Veamos, mediante ejemplos, cómo se consigue:

- $\dfrac{x^2-5x+3}{x-4}$ Como el numerador es de grado superior al denominador, efectuamos la división (ver margen). Obtenemos:

$$\frac{x^2-5x+3}{x-4} = (x-1) + \frac{-1}{x-4}$$

Ya está puesta como suma de un polinomio y una fracción elemental.

	1	–5	3
4		4	–4
	1	–1	–1

Cociente: $x - 1$. Resto: -1.

- $\dfrac{7x-11}{x^2-x-6}$ Las raíces del denominador son 3 y –2. Por tanto:

$$x^2-x-6 = (x-3)(x+2)$$

La fracción se podrá descomponer así: $\dfrac{A}{x-3} + \dfrac{B}{x+2}$. Hemos de calcular A y B para que sea válida la descomposición:

$$\frac{A}{x-3} + \frac{B}{x+2} = \frac{Ax+2A+Bx-3B}{(x-3)(x+2)} = \frac{(A+B)x+(2A-3B)}{x^2-x-6}$$

Se ha de cumplir lo siguiente:

$$\frac{7x-11}{x^2-x-6} = \frac{(A+B)x+(2A-3B)}{x^2-x-6} \rightarrow \begin{cases} A+B=7 & \text{(coeficiente de la } x) \\ 2A-3B=-11 & \text{(término independiente)} \end{cases}$$

Resolvemos el sistema (ver margen) y obtenemos: $A = 2$, $B = 5$

$$\left.\begin{aligned} A+B&=7 \\ 2A-3B&=-11 \end{aligned}\right\} \rightarrow A = 7-B$$

$2(7-B) - 3B = -11 \rightarrow$

$\rightarrow -5B + 14 = -11 \rightarrow$

$\rightarrow B = \dfrac{25}{5} = 5 \rightarrow A = 7-5 = 2$

Por tanto, se llega a la siguiente descomposición:

$$\frac{7x-11}{x^2-x-6} = \frac{2}{x-3} + \frac{5}{x+2}$$

- $\dfrac{3x^3-3x^2-11x-11}{x^2-x-6}$ Comenzamos efectuando la división:

$$\begin{array}{rl} 3x^3 - 3x^2 - 11x - 11 & \underline{|\, x^2-x-6} \\ \underline{-3x^3 + 3x^2 + 18x} & \;3x \\ 7x - 11 & \end{array}$$

Se puede expresar, pues, de esta forma:

$$\frac{3x^3-3x^2-11x-11}{x^2-x-6} = 3x + \frac{7x-11}{x^2-x-6}$$

La fracción es la misma que la del ejemplo anterior. Por tanto:

$$\frac{3x^3-3x^2-11x-11}{x^2-x-6} = 3x + \frac{2}{x-3} + \frac{5}{x+2}$$

Hemos puesto la fracción inicial como suma de un polinomio, $3x$, y de dos fracciones elementales.

Observa

Con este curioso procedimiento calculamos A, B y C dando valores a la x en la siguiente igualdad:

$$6x^2 + 6 = A(x+1)(x-2) + Bx(x-2) + Cx(x+1)$$

- Si $x = -1 \rightarrow 12 = 3B \rightarrow B = 4$
- Si $x = 0 \rightarrow 6 = -2A \rightarrow A = -3$
- Si $x = 2 \rightarrow 30 = 6C \rightarrow C = 5$

- $\dfrac{6x^2+6}{x^3-x^2-2x}$ Las raíces del denominador son 0, –1 y 2. Por tanto, intentaremos expresar la fracción como una suma del siguiente tipo:

$$\frac{A}{x} + \frac{B}{x+1} + \frac{C}{x-2}$$

$$\frac{A}{x} + \frac{B}{x+1} + \frac{C}{x-2} = \frac{A(x+1)(x-2) + Bx(x-2) + Cx(x+1)}{x(x+1)(x-2)} =$$

$$= \frac{x^2(A+B+C) + x(-A-2B+C) - 2A}{x^3-x^2-2x}$$

Se debe cumplir: $\dfrac{6x^2+6}{x^3-x^2-2x} = \dfrac{x^2(A+B+C) + x(-A-2B+C) - 2A}{x^3-x^2-2x}$

Por tanto, ha de ser: $\left.\begin{cases} A + B + C = 6 \text{ (coeficiente de } x^2) \\ -A - 2B + C = 0 \text{ (coeficiente de } x) \\ -2A = 6 \text{ (término independiente)} \end{cases}\right\} \rightarrow \begin{cases} A = -3 \\ B = 4 \\ C = 5 \end{cases}$

Se llega, así, a la siguiente descomposición:

$$\frac{6x^2+6}{x^3-x^2-2x} = \frac{-3}{x} + \frac{4}{x+1} + \frac{5}{x-2}$$

→ DENOMINADOR CON RAÍCES DOBLES

- $\dfrac{7x^2+17x+10}{x^3+5x^2}$ Raíces del denominador: $x = 0$ (doble); $x = -5$

Como $x = 0$ es una raíz doble, efectuamos la descomposición así:

$$\frac{7x^2+17x+10}{x^3+5x^2} = \frac{A}{x} + \frac{B}{x^2} + \frac{C}{x+5} = \frac{Ax(x+5) + B(x+5) + Cx^2}{x^2(x+5)} =$$

$$= \frac{x^2(A+C) + x(5A+B) + 5B}{x^3+5x^2}$$

Resolvemos este sistema: $\left.\begin{matrix} A \quad + C = 7 \\ 5A + B \quad = 17 \\ 5B \quad = 10 \end{matrix}\right\} \rightarrow$ *Solución:* $A = 3,\ B = 2,\ C = 4$

La descomposición queda así: $\dfrac{7x^2+17x+10}{x^3+5x^2} = \dfrac{3}{x} + \dfrac{2}{x^2} + \dfrac{4}{x+5}$

Atención: el segundo sumando **no es una fracción elemental** porque la x está elevada al cuadrado.

anayaeducacion.es
Descomposición de fracciones algebraicas en fracciones elementales.

Piensa y practica

1 Descompón estas fracciones algebraicas:

a) $\dfrac{3x+4}{x+3}$ b) $\dfrac{3x^2-7x+4}{2x+3}$

c) $\dfrac{3x^2-5x+1}{x-4}$ d) $\dfrac{3x^2-5x+1}{2x+1}$

2 Descompón estas fracciones algebraicas en suma de fracciones elementales:

a) $\dfrac{x-2}{x^2+x}$ b) $\dfrac{5x-3}{x^3-x}$ c) $\dfrac{1}{x^2+x-6}$

3 Descompón estas fracciones algebraicas. Utiliza el resultado del apartado a) para hallar el del b):

a) $\dfrac{4x^2-3x+13}{x^3-7x+6}$ b) $\dfrac{x^3+4x^2-10x+7}{x^3-7x+6}$

4 Descompón (denominadores con raíces dobles).

a) $\dfrac{x^2+4x+4}{x^3-2x^2+x}$ b) $\dfrac{2x-4}{x^3+x^2-5x+3}$

c) $\dfrac{x^3+22x^2-12x+8}{x^4-4x^2}$ d) $\dfrac{x^3-4x^2+4x}{x^4-2x^3-4x^2+8x}$

1 Teorema del resto

Hallar el valor de a y de b para que el polinomio

$$P(x) = 2x^3 + ax^2 + bx - 18$$

sea divisible por x + 2 y x + 3.

Hazlo tú Calcula el valor de k para que esta división sea exacta:

$(2x^4 - 5x^3 + kx^2 - 12) : (x + 2)$

Para que $P(x)$ sea divisible por $(x + 2)$ y por $(x + 3)$, los restos de las divisiones $P(x) : (x + 2)$ y $P(x) : (x + 3)$ deben ser 0.

> Recuerda el teorema del resto:
> $$\begin{array}{l|l} P(x) & x - a \\ \hline r = P(a) & C(x) \end{array}$$

Por tanto, debemos hacer que $P(-2) = 0$ y $P(-3) = 0$:

$$\begin{cases} P(-2) = -16 + 4a - 2b - 18 = 0 \\ P(-3) = -54 + 9a - 3b - 18 = 0 \end{cases} \to \begin{cases} 2a - b = 17 \\ 3a - b = 24 \end{cases} \to a = 7;\ b = -3$$

2 Factorización

Factorizar las siguientes expresiones:

a) $3x(x - 3) - (x + 1)(x - 3)$

b) $ax^2 - ay + bx^2 - by$

c) $x^3 - a^3$

Hazlo tú Factoriza.

a) $x^2m + x^2n - ym - yn$

b) $x^3 + a^3$

a) Sacamos factor común $(x - 3)$:

$$3x(x - 3) - (x + 1)(x - 3) = (x - 3)[3x - (x + 1)] = (x - 3)(2x - 1)$$

b) En los dos primeros sumandos, a es factor común; en el tercero y en el cuarto, el factor común es b.

$$ax^2 - ay + bx^2 - by = a(x^2 - y) + b(x^2 - y)$$

Ahora, el factor común es $(x^2 - y)$, por tanto:

$$ax^2 - ay + bx^2 - by = a(x^2 - y) + b(x^2 - y) = (x^2 - y)(a + b)$$

c) Buscamos alguna raíz del polinomio entre los divisores de a^3. Probamos con a:

$$\begin{array}{c|cccc} & 1 & 0 & 0 & -a^3 \\ a & & a & a^2 & a^3 \\ \hline & 1 & a & a^2 & 0 \end{array}$$

Resolvemos la ecuación $x^2 + ax + a^2 = 0$:

$x = \dfrac{-a \pm \sqrt{-3a^2}}{2}$ no tiene solución ($-3a^2 < 0$ para cualquier valor de $a \neq 0$)

Por tanto, $x^3 - a^3 = (x - a)(x^2 + ax + a^2)$.

3 Operaciones con fracciones algebraicas

Operar y simplificar.

a) $\dfrac{2x + y}{x^2 - xy} \cdot \left(\dfrac{3x}{2x + y} - 1\right)$

b) $\dfrac{x + 2}{x^2 + 7x + 10} - \dfrac{x - 3}{x^2 - 8x + 15} + \dfrac{x^2 - 15}{x^2 - 25}$

Hazlo tú Opera y simplifica.

$\left(\dfrac{3x}{(x - 2)^2} - \dfrac{3}{x - 2}\right) : \dfrac{1}{x - 2}$

a) Efectuamos la resta que va entre paréntesis:

$$\left(\frac{3x}{2x + y} - 1\right) = \frac{3x - 2x - y}{2x + y} = \frac{x - y}{2x + y}$$

Multiplicamos y simplificamos:

$$\left(\frac{2x + y}{x^2 - xy}\right) \cdot \left(\frac{x - y}{2x + y}\right) = \frac{(2x + y) \cdot (x - y)}{(x^2 - xy) \cdot (2x + y)} = \frac{(2x + y) \cdot (x - y)}{x(x - y) \cdot (2x + y)} = \frac{1}{x}$$

b) Descomponemos en factores los denominadores de las fracciones:

$$\frac{x + 2}{(x + 5)(x + 2)} - \frac{x - 3}{(x - 5)(x - 3)} + \frac{x^2 - 15}{(x + 5)(x - 5)}$$

Simplificamos: $\dfrac{1}{x + 5} - \dfrac{1}{x - 5} + \dfrac{x^2 - 15}{(x + 5)(x - 5)}$

Reducimos a denominador común y operamos:

$$\frac{1}{x + 5} - \frac{1}{x - 5} + \frac{x^2 - 15}{(x + 5)(x - 5)} = \frac{x - 5 - x - 5 + x^2 - 15}{(x + 5)(x - 5)} = \frac{x^2 - 25}{(x + 5)(x - 5)} = 1$$

4 Descomposición de fracciones algebraicas

Descomponer estas fracciones algebraicas como suma de fracciones:

a) $\dfrac{210}{(x-1)(x+2)(x-3)(x+4)}$

b) $\dfrac{x^2+2x+3}{x^3+3x^2-9x+5}$

c) $\dfrac{x^2-2x+6}{(x-1)^3}$

a) Descomponemos la fracción algebraica de esta forma:

$$\frac{210}{(x-1)(x+2)(x-3)(x+4)}=\frac{A}{x-1}+\frac{B}{x+2}+\frac{C}{x-3}+\frac{D}{x+4}=$$

$$=\frac{A(x+2)(x-3)(x+4)+B(x-1)(x-3)(x+4)+}{(x-1)(x+2)(x-3)(x+4)}$$

$$\frac{+C(x-1)(x+2)(x+4)+D(x-1)(x+2)(x-3)}{(x-1)(x+2)(x-3)(x+4)}$$

Igualamos numeradores: $210 = A(x+2)(x-3)(x+4) + B(x-1)(x-3)(x+4) +$
$+ C(x-1)(x+2)(x+4) + D(x-1)(x+2)(x-3)$

- Si $x = 1 \Rightarrow 210 = -30A \rightarrow A = -7$
- Si $x = 3 \Rightarrow 210 = 70C \rightarrow C = 3$
- Si $x = -2 \Rightarrow 210 = 30B \rightarrow B = 7$
- Si $x = -4 \Rightarrow 210 = -70D \rightarrow D = -3$

Por tanto: $\dfrac{210}{(x-1)(x+2)(x-3)(x+4)}=\dfrac{-7}{x-1}+\dfrac{7}{x+2}+\dfrac{3}{x-3}-\dfrac{3}{x+4}$

b) Factorizamos el denominador: $x^3 + 3x^2 - 9x + 5 = (x-1)^2(x+5)$

Como el denominador tiene una raíz doble, la descomposición es así:

$$\frac{x^2+2x+3}{x^3+3x^2-9x+5}=\frac{A}{x-1}+\frac{B}{(x-1)^2}+\frac{C}{x+5}=$$

$$=\frac{A(x-1)(x+5)+B(x+5)+C(x-1)^2}{x^3+3x^2-9x+5}$$

Igualamos numeradores: $x^2 + 2x + 3 = A(x-1)(x+5) + B(x+5) + C(x-1)^2$

- Si $x = 1 \Rightarrow 6 = 6B \rightarrow B = 1$
- Si $x = -5 \Rightarrow 18 = 36C \rightarrow C = 1/2$
- Si $x = 2 \Rightarrow 11 = 7A + 7B + C \rightarrow 7A = 7/2 \rightarrow A = 1/2$

Obtenemos: $\dfrac{x^2+2x+3}{x^3+3x^2-9x+5}=\dfrac{1/2}{x-1}+\dfrac{1}{(x-1)^2}+\dfrac{1/2}{x+5}$

c) La descomponemos de la siguiente manera por ser una raíz triple:

$$\frac{x^2-2x+6}{(x-1)^3}=\frac{A}{x-1}+\frac{B}{(x-1)^2}+\frac{C}{(x-1)^3}=$$

$$=\frac{A(x-1)^2+B(x-1)+C}{(x-1)^3}=\frac{Ax^2+(-2A+B)x+(A-B+C)}{(x-1)^3}$$

Igualamos numeradores: $x^2 - 2x + 6 = Ax^2 + (-2A + B)x + (A - B + C)$

Al igualar los coeficientes, obtenemos el siguiente sistema que resolvemos:

$$\left.\begin{aligned}A&=1\\-2A+B&=-2\\A-B-C&=6\end{aligned}\right\}\rightarrow A=1;\ B=0;\ C=5$$

Obtenemos: $\dfrac{x^2-2x+6}{(x-1)^3}=\dfrac{1}{x-1}+\dfrac{5}{(x-1)^3}$

Hazlo tú Descompón estas fracciones algebraicas:

a) $\dfrac{6}{(x+1)(x+2)(x+3)(x+4)}$

b) $\dfrac{x^2-3x+5}{x^3-3x^2+4}$

c) $\dfrac{2x+5}{(x+3)^3}$

Recuerda seleccionar el material de trabajo de esta unidad para tu **portfolio**.

EJERCICIOS Y PROBLEMAS

Practica

Polinomios. Operaciones

1 Dados los polinomios $P(x) = x^3 - 5x^2 - 3$; $Q(x) = -\frac{1}{3}x^2 + 2x - 1$ y $R(x) = x^3 - \frac{1}{2}x^2$, calcula:

a) $P(x) + Q(x) - R(x)$ b) $2P(x) - 3Q(x)$

c) $P(x) \cdot Q(x)$ d) $Q(x) \cdot R(x)$

2 Efectúa y simplifica el resultado.

a) $(2y + x)(2y - x) + (x + y)^2 - x(y + 3)$

b) $3x(x + y) - (x - y)^2 + (3x + y)y$

c) $(2y + x + 1)(x - 2y) - (x + 2y)(x - 2y)$

d) $(x + y)(2x - y)(x + 2y)$

3 Multiplica cada expresión por el mín.c.m. de los denominadores y simplifica:

a) $\frac{3x(x+5)}{5} - \frac{(2x+1)^2}{4} + \frac{(x-4)(x+4)}{2}$

b) $\frac{(8x^2-1)(x^2+2)}{10} - \frac{(3x^2+2)^2}{15} + \frac{(2x+3)(2x-3)}{6}$

c) $\frac{(x-1)^3}{8} + \frac{3}{4}x(x+2)^2 - \frac{x^3}{10}$

4 Expresa como producto de dos binomios.

a) $49x^2 - 16$ b) $9x^4 - y^2$ c) $81x^4 - 64x^2$

d) $25x^2 - 3$ e) $2x^2 - 100$ f) $5x^2 - 2$

5 Completa cada expresión en tu cuaderno para que sea el cuadrado de un binomio:

a) $16x^2 + (\ldots) - 8xy$ b) $(\ldots) + 25y^2 + 60xy$

c) $\frac{9}{16}x^2 + 4y^2 + (\ldots)$ d) $(\ldots) + \frac{y^2}{9} - \frac{4}{3}x^2y$

6 Saca factor común e identifica los productos notables como en el ejemplo.

- $\mathbf{2x^4 + 12x^3 + 18x^2 = 2x^2(x^2 + 6x + 9) = 2x^2(x + 3)^2}$

a) $20x^3 - 60x^2 + 45x$ b) $27x^3 - 3xy^2$

c) $3x^3 + 6x^2y + 3y^2x$ d) $4x^4 - 81x^2y^2$

7 Halla el cociente y el resto de cada una de estas divisiones:

a) $(7x^2 - 5x + 3) : (x^2 - 2x + 1)$

b) $(2x^3 - 7x^2 + 5x - 3) : (x^2 - 2x)$

c) $(x^3 - 5x^2 + 2x + 4) : (x^2 - x + 1)$

8 Divide y expresa cada división de la forma siguiente:

$$\frac{\text{dividendo}}{\text{divisor}} = \text{cociente} + \frac{\text{resto}}{\text{divisor}}$$

a) $(3x^5 - 2x^3 + 4x - 1) : (x^3 - 2x + 1)$

b) $(x^4 - 5x^3 + 3x - 2) : (x^2 + 1)$

c) $(4x^5 + 3x^3 - 2x) : (x^2 - x + 1)$

d) $(x^3 - 5x^2 + 3x + 1) : (x^2 - 5x + 1)$

9 Expresa las siguientes divisiones de la forma $D = d \cdot c + r$.

a) $(6x^3 + 5x^2 - 9x) : (3x - 2)$

b) $(x^4 - 4x^2 + 12x - 9) : (x^2 - 2x + 3)$

c) $(4x^4 + 2x^3 - 2x^2 + 9x + 5) : (-2x^3 + x - 5)$

10 Efectúa las siguientes divisiones:

a) $(2x^3 - x^2 + 3x - 1) : (2x^2 + 2x)$

b) $(x^4 - x^3 - 3x + 1) : (2x^2 - 1)$

c) $(x^5 - 3x^2 - 2x - 5) : (3x^3 + 4x - 1)$

d) $(x^4 - x^3 + 3x - 1) : (5x^2 - 2)$

e) $(x^3 + 1) : (6x^3 + x)$

f) $\left(\frac{1}{2}x^4 + x^2 - 7x + 3\right) : (3x + 2)$

11 Halla, en cada caso, el valor de a para que las siguientes divisiones sean exactas:

a) $(x^4 + x^3 - 12x^2 + ax + 5) : (x^2 - 2x - 1)$

b) $(x^5 - 2x^4 + 4x^3 + ax^2 + 2x + 2) : (x^2 - 2x + 2)$

c) $(x^4 + 3x^3 + 3x^2 + 3x + a) : (x^2 - 2x - 1)$

d) $(x^3 + x^2 + ax - 3) : (x^2 - 2x - 1)$

12 Calcula el dividendo en cada uno de los casos siguientes:

a) Divisor: $(x^2 - 2)$. Cociente: $(x + 3)$. Resto: 7

b) Divisor: $(x^2 + 2x)$. Cociente: $(x^2 + x - 2)$. Resto: $(-3x + 4)$

c) Divisor: $(x^2 + 1)$. Cociente: $(x - 2)$. Resto: $(2x + 10)$

d) Divisor: $(x^3 - 2)$. Cociente: x. Resto: $(2x + 1)$

e) Divisor: $(x^4 + 2x^2 - 1)$. Cociente: $(x^2 - 2)$. Resto: $(3x^3 + x^2 - 5x)$

Regla de Ruffini. Aplicaciones

13 Aplica la regla de Ruffini para hallar el cociente y el resto de las siguientes divisiones:

a) $(5x^3 - 3x^2 + x - 2) : (x - 2)$

b) $(x^4 - 5x^3 + 7x + 3) : (x + 1)$

c) $(-x^3 + 4x) : (x - 3)$

d) $(x^4 - 3x^3 + 5) : (x + 2)$

14 Averigua si el polinomio $P(x) = x^{43} - 2x^2 + 3$ es divisible por $(x + 1)$.

15 Utiliza la regla de Ruffini para calcular $P(3)$, $P(-5)$ y $P(7)$ en los siguientes casos:

a) $P(x) = 2x^3 - 5x^2 + 7x + 3$

b) $P(x) = x^4 - 3x^2 + 7$

c) $P(x) = x^5 - 2x + 1$

16 Averigua cuáles de los números 1, –1, 2, –2, 3, –3 son raíces de los polinomios siguientes:

a) $P(x) = x^3 - 2x^2 - 5x + 6$

b) $Q(x) = x^3 - 3x^2 + x - 3$

c) $R(x) = x^5 + 3x^4 - 5x^3 - 15x^2 + 4x + 12$

17 Utiliza la regla de Ruffini para hallar el cociente y el resto de las siguientes divisiones:

a) $(4x^2 - 8x + 3) : (4x - 2)$

b) $(2x^3 - 4x^2 + 3x - 2) : (2x - 3)$

c) $(3x^3 - 2x - 1) : (3x + 1)$

18 Observa la siguiente aplicación de la regla de Ruffini. En ella vemos que $(x^4 - x^3 - 2x^2 + x + 3) : (x - 2)$ no es exacta. Sin embargo, también advertimos que $(x^2 - x - 2) : (x - 2)$ sí que lo es:

	1	–1	–2	1	3
2		2	2	0	2
	1	1	0	1	5

Ahora tú: encuentra alguna división exacta en cada una de estas otras.

a)

	1	3	5	6	1
–2		–2	–2	–6	0
	1	1	3	0	1

b)

	2	–1	–3	2	3
–1		–2	3	0	–2
	2	–3	0	2	1

Factorización de polinomios

19 Saca factor común y utiliza las identidades notables para factorizar los siguientes polinomios:

a) $3x^3 - 12x$ b) $4x^3 - 24x^2 + 36x$

c) $45x^2 - 5x^4$ d) $x^4 + x^2 + 2x^3$

e) $x^6 - 16x^2$ f) $16x^4 - 9$

20 Factoriza los siguientes polinomios:

a) $x^2 + 4x - 5$ b) $x^2 + 8x + 15$

c) $7x^2 - 21x - 280$ d) $3x^2 + 9x - 210$

e) $2x^2 - 9x - 5$ f) $3x^2 - 2x - 5$

g) $4x^2 + 17x + 15$ h) $-x^2 + 17x - 72$

21 Completa la descomposición en factores.

a) $(x^2 - 25)(x^2 - 6x + 9)$

b) $(x^2 - 7x)(x^2 - 13x + 40)$

22 Descompón en factores y di cuáles son las raíces de los siguientes polinomios:

a) $x^3 + 2x^2 - x - 2$ b) $3x^3 - 15x^2 + 12x$

c) $x^3 - 9x^2 + 15x - 7$ d) $x^4 - 13x^2 + 36$

23 Factoriza los siguientes polinomios y di cuáles son sus raíces:

a) $x^3 - 2x^2 - 2x - 3$ b) $2x^3 - 7x^2 - 19x + 60$

c) $x^3 - x - 6$ d) $4x^4 + 4x^3 - 3x^2 - 4x - 1$

e) $6x^3 + 13x^2 - 4$ f) $4x^3 + 12x^2 - 25x - 75$

24 Descompón en factores y di cuáles son las raíces de los polinomios siguientes:

a) $x^4 - 2x^2 + 1$ b) $x^3 - 2x^2 - 9x + 18$

c) $x^4 - x^3 - 7x^2 + x + 6$ d) $8x^3 + 6x^2 - 11x - 3$

e) $3x^3 + 8x^2 + 3x - 2$ f) $x^3 - 2x^2 + 2x - 4$

25 Escribe un polinomio de grado 3 que tenga las raíces dadas, en cada caso:

a) 0, 1 y 2 b) –1 y 3 c) 0 y 5

26 Escribe, en cada caso, un polinomio que cumpla la condición dada:

a) De cuarto grado sin raíces.

b) Que tenga dos raíces dobles, 2 y –2.

c) De tercer grado con una sola raíz.

d) De cuarto grado y con tres raíces.

27 Indica en cada caso el polinomio inicial y su descomposición factorial. Complétala, cuando sea posible, hallando las raíces del polinomio de segundo grado:

a)

	1	2	–4	–4	–5	–6
–1		–1	–1	5	–1	6
	1	1	–5	1	–6	0
2		2	6	2	6	
	1	3	1	3	0	
–3		–3	0	–3		
	1	0	1	0		

b)

	1	5	–5	–25	4	20
1		1	6	1	–24	–20
	1	6	1	–24	–20	0
–1		–1	–5	4	20	
	1	5	–4	–20	0	
2		2	14	20		
	1	7	10	0		

c)

	1	–3	–35	39	70
–1		–1	4	31	–70
	1	–4	–31	70	0
2		2	–4	–70	
	1	–2	–35	0	

Fracciones algebraicas

28 Comprueba, en cada caso, si las fracciones dadas son equivalentes:

a) $\dfrac{x-4}{3x-12}$ y $\dfrac{1}{3}$ b) $\dfrac{x^2+x}{2x}$ y $\dfrac{x}{2}$

c) $\dfrac{x+y}{x^2-y^2}$ y $\dfrac{1}{x-y}$ d) $\dfrac{x}{x^2-x}$ y $\dfrac{2}{2x-2}$

29 Descompón en factores y simplifica.

a) $\dfrac{x^2-9}{(x+3)^2}$ b) $\dfrac{x+2}{x^2-4}$

c) $\dfrac{x^2+25-10x}{x^2-25}$ d) $\dfrac{x^2+xy}{x^2-2xy+y^2}$

e) $\dfrac{x-2}{x^2+x-6}$ f) $\dfrac{x^2y-3xy^2}{2xy^2}$

30 Descompón en factores el dividendo y el divisor, y, después, simplifica.

a) $\dfrac{x^2-2x}{x^2-5x+6}$ b) $\dfrac{x^2-3x-4}{x^3+x^2}$

c) $\dfrac{x^3-3x^2+2x}{3x^2-9x+6}$ d) $\dfrac{x^2-x-42}{x^2-8x+7}$

31 Simplifica las siguientes fracciones:

a) $\dfrac{x^3-4x}{x^3+x^2-2x}$ b) $\dfrac{x^4-5x^2+4}{x^4-1}$

c) $\dfrac{x^4+2x^3-3x^2}{2x^4-3x^3+x^2}$ d) $\dfrac{2x^3-5x^2+3x}{2x^4+x^3-6x^2}$

32 Reduce a común denominador y opera.

a) $\dfrac{1}{2x}-\dfrac{1}{4x}+\dfrac{1}{x}$ b) $\dfrac{1}{x^2}-\dfrac{1}{3x}+\dfrac{1}{x}$

c) $\dfrac{x}{2}+\dfrac{3}{x}-1$ d) $\dfrac{2}{x^2}-\dfrac{x+1}{3x}$

e) $\dfrac{x}{x-3}-\dfrac{3}{x}$ f) $\dfrac{x-3}{x+1}-\dfrac{x}{x+3}$

33 Reduce a común denominador y opera.

a) $\dfrac{x-1}{x+3}-\dfrac{2}{x-3}+\dfrac{x}{x^2-9}$

b) $\dfrac{2}{x-2}-\dfrac{x+1}{x^2-2x}-\dfrac{3}{x^2-4}$

c) $\dfrac{1}{2x+2}+\dfrac{3x-3}{x^2-x-2}-\dfrac{x}{x-2}$

34 Efectúa.

a) $\dfrac{x-2}{x^2}+\dfrac{x+2}{x^2-x}-\dfrac{1}{x^2-1}$

b) $\dfrac{2x}{x^2+x-2}-\dfrac{5}{x+2}-\dfrac{x-4}{3x+6}$

c) $\dfrac{x+2}{2x+1}-\dfrac{2}{4x^2-1}+\dfrac{x+1}{2x}$

35 Efectúa.

a) $\dfrac{x+1}{x-1}+\dfrac{3}{x+1}-\dfrac{x-2}{x^2-1}$

b) $\dfrac{x^2}{x^2-2x+1}+\dfrac{2x+3}{x-1}-3$

c) $\dfrac{2x-3}{x^2-9}-\dfrac{x+1}{x-3}-\dfrac{x+2}{x+3}$

36 Opera, y simplifica si es posible.

a) $\left(\dfrac{1}{x}:\dfrac{1}{x+1}\right)\cdot\dfrac{x}{2}$ b) $\left(\dfrac{2}{x}-\dfrac{2}{x+2}\right):\dfrac{x-2}{x}$

c) $\left(1-\dfrac{2}{2-x}\right)\cdot\dfrac{2-x}{x^2}$ d) $\dfrac{2x}{x+1}:\left(\dfrac{2x}{x+1}-1\right)$

37 Opera y simplifica.

a) $\left(\dfrac{3}{x}-\dfrac{x}{3}\right):\left(\dfrac{1}{x}+\dfrac{1}{3}\right)$ b) $\dfrac{x+1}{(x-1)^2}\cdot\dfrac{x^2-1}{x}$

38 Opera y simplifica.

a) $\left[\left(x+\frac{1}{x}\right):\left(x-\frac{1}{x}\right)\right]\cdot(x-1)$

b) $\frac{2}{x}\cdot\left(\frac{1}{x}:\frac{1}{x-1}\right)$

39 Opera y simplifica.

a) $\left(1-\frac{x-1}{x}\right)\frac{x^2}{x+3}-1$ b) $\left(\frac{1}{x}-\frac{1}{x+3}\right):\frac{3}{x^2}$

c) $4-\frac{1}{2x-1}\left(\frac{2}{x}-\frac{1}{x^2}\right)$ d) $\left(1+\frac{y}{x}\right):\left(1+\frac{x}{y}\right)$

e) $\left(\frac{1}{x}+\frac{1}{2}-\frac{3x-4}{2x}\right)\cdot\frac{6x}{6-2x}$

40 ¿Por qué fracción algebraica debes multiplicar el resultado de cada apartado del ejercicio anterior para obtener 1?

¿Y para obtener el polinomio x^2+1?

Descomposición de fracciones algebraicas

41 Descompón en suma de fracciones elementales.

a) $\frac{2x+3}{(x-2)(x+5)}$ b) $\frac{3x^3}{x^2-4}$

c) $\frac{1}{(x^2-25)(x-4)}$ d) $\frac{x^2+1}{x^2+x}$

e) $\frac{1}{x^2+x-6}$ f) $\frac{3x-2}{x^2-4}$

g) $\frac{4}{x^2+x-2}$ h) $\frac{x^2}{x^2+4x+3}$

i) $\frac{2x^2-5x+3}{x^2-3x+2}$ j) $\frac{-16}{x^2-2x-15}$

k) $\frac{x+2}{2x^2+3x-1}$ l) $\frac{x-1}{4x^2-9}$

42 Descompón estas fracciones algebraicas:

a) $\frac{3x^3-5x+1}{x^3}$ b) $\frac{3x^3-5x+1}{(x-2)^3}$

c) $\frac{x+2}{x^4-2x^2+1}$ d) $\frac{1}{(x^2-1)^2}$

e) $\frac{2x^2+7x-1}{x^3+x^2-x-1}$ f) $\frac{5x^2}{x^3-3x^2+3x-1}$

g) $\frac{6x^5-7x^4-5x^3-x^2-5x+2}{x^6-2x^5+2x^3-x^2}$

Resuelve problemas

43 Halla, en cada caso, el mínimo común múltiplo y el máximo común divisor de los polinomios siguientes:

a) x^2; x^2-x; x^2-1 b) $x-3$; x^2-9; x^2-6x+9

c) $2x$; $2x+1$; $4x^2-1$ d) $x+2$; $3x+6$; x^2+x-2

44 Calcula el máx.c.d. y el mín.c.m. de los siguientes polinomios del ejercicio 24:

a) Apartados a y c. b) Apartados b y c.

c) Apartados c y e. d) Apartados b y f.

45 Indica tres pares de polinomios del ejercicio 24 que sean primos entre sí.

46 Sustituye los puntos suspensivos por la expresión adecuada para que las fracciones sean equivalentes:

a) $\frac{x^2-x}{x^2-1}=\frac{\dots}{x+1}$ b) $\frac{x}{2x+1}=\frac{x^2}{\dots}$

c) $\frac{x}{x-3}=\frac{\dots}{x^2-9}$ d) $\frac{2}{x+2}=\frac{\dots}{x^2+4x+4}$

47 Halla el valor de m para que el polinomio $mx^3-3x^2+5x+9m$ sea divisible por $x+2$.

48 Calcula el valor de a y b para que el polinomio $P(x)=2x^3+7x^2+ax+b$ sea divisible por $x-1$ y por $x+2$.

49 Calcula el valor de m y n para que el polinomio $P(x)=x^3-mx^2+nx+4$ sea divisible por $x-2$ y $x+2$. ¿Cuáles son las raíces de $P(x)$?

50 Calcula los parámetros a y b para que el polinomio $P(x)=x^4-2x^3+ax^2+bx+15$ sea divisible por $(x+3)$ y por $(x-5)$.

51 Calcula el valor de m para que las siguientes divisiones tengan el resto que se indica en cada caso:

a) $(x^2-5x+m):(x-2)$ Resto $=0$

b) $(x^3-2x^2-x+m):(x+1)$ Resto $=-1$

c) $(2x^3-12x+2m):(x-3)$ Resto $=-5$

d) $(x^2-mx+3):(x+3)$ Resto $=0$

52 El resto de la siguiente división es igual a -8:

$$(2x^4+kx^3-7x+6):(x-2)$$

¿Cuánto vale k?

53 Halla el valor que deben tener a y b para que al dividir el polinomio $P(x) = 3x^3 + ax^2 - 5x + b$ entre $(x - 1)$ el resto sea 14, y al dividir el mismo polinomio entre $(x + 3)$ el resto sea –2.

54 Halla los parámetros a y b para que el resto de dividir $P(x) = x^5 + ax^4 + x^2 + bx + 8$ entre $(x + 1)$ sea 9, y entre $(x - 2)$ sea 6.

55 Si $P(x) = 3x^3 - 11x^2 - 81x + 245$, halla los valores $P(8{,}75)$, $P(10{,}25)$ y $P(-7)$ con ayuda de la calculadora.
Describe la secuencia de teclas utilizadas como en la página 41.

56 Comprueba si existe alguna relación de divisibilidad entre los siguientes pares de polinomios:

a) $P(x) = x^4 - 4x^2$ y $Q(x) = x^2 - 2x$

b) $P(x) = x^2 - 10x + 25$ y $Q(x) = x^2 - 5x$

c) $P(x) = x^3 + x^2 - 12x$ y $Q(x) = x - 3$

57 Saca factor común en cada expresión:

a) $(x + 2)(x - 3) + 2x(x + 2)$

b) $(x - 2)(2x + 3) - (5 - x)(x - 2)$

c) $(x + 5)(2x - 1) + (x - 5)(2x - 1)$

d) $(3 - y)(a + b) - (a - b)(3 - y)$

58 Factoriza las siguientes expresiones:

a) $ax - ay + bx - by$

b) $2x^2y + y + 2x^2 + 1$

c) $3x^2y + xy + 3xy^2 + y^2$

d) $2ab^3 - ab + 2b^2 - 1$

59 Simplifica las siguientes fracciones algebraicas:

a) $\dfrac{2x^2y - xy^2}{10x - 5y}$

b) $\dfrac{3a^2b^2 - 6ab^3}{3a^3b - 6a^2b^2}$

c) $\dfrac{4a^2b^2 - 2a^2bx}{-4x^2 + 8bx + 2ba - ax}$

60 Expresa, en función de x, el área total de este tronco de pirámide:

$x + 1$ es la altura de una cara lateral.

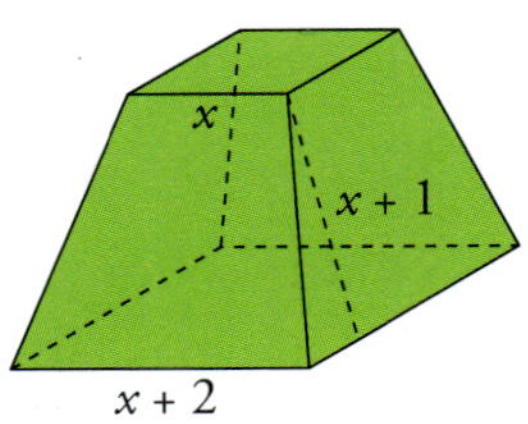

61 Un grifo tarda x minutos en llenar un depósito. Otro grifo tarda 3 minutos menos en llenar el mismo depósito. Expresa en función de x la parte del depósito que se llena abriendo los dos durante un minuto.

62 Se mezclan x kg de pintura de 5 €/kg con y kg de otra de 3 €/kg. ¿Cuál será el precio de 1 kg de la mezcla? Exprésalo en función de x e y.

63 En un triángulo rectángulo, un cateto mide 14 cm. Escribe el perímetro y el área del triángulo en función de la hipotenusa x.

64 En un rectángulo de lados x e y inscribimos un rombo. Escribe el perímetro del rombo en función de los lados del rectángulo.

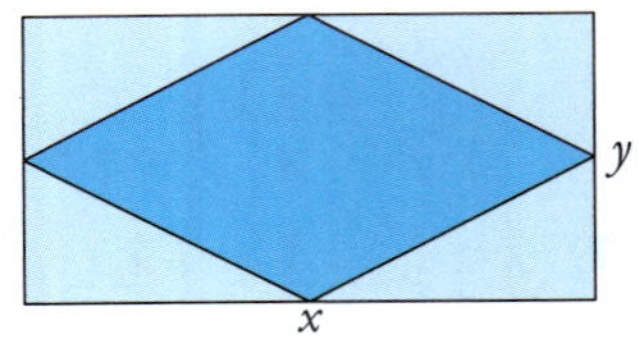

65 Expresa algebraicamente el área de la parte coloreada utilizando x e y.

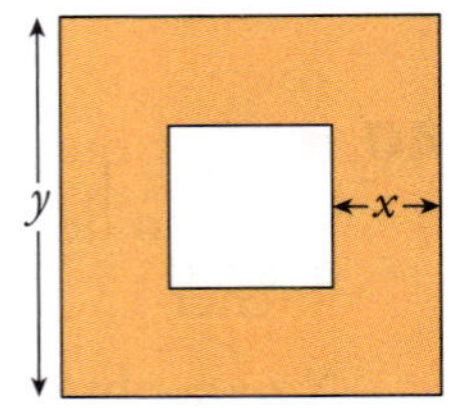

66 Dos pueblos, A y B, distan 60 km. De A sale un coche hacia B con velocidad v. Al mismo tiempo sale otro de B en dirección a A con velocidad $v + 3$. Expresa en función de v el tiempo que tardan en encontrarse.

67 En el rectángulo $ABCD$ de lados $\overline{AB} = 3$ cm y $\overline{BC} = 5$ cm, hemos inscrito el cuadrilátero $A'B'C'D'$ haciendo $\overline{AA'} = \overline{BB'} = \overline{CC'} = \overline{DD'} = x$. Escribe el área de $A'B'C'D'$ en función de x.

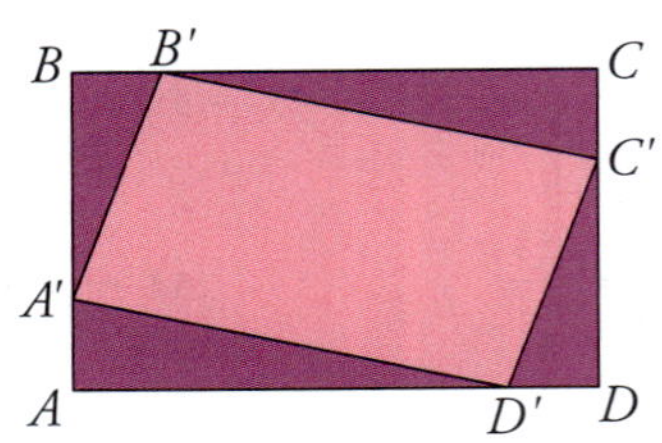

68 En el triángulo de abajo, $\overline{BC} = 10$ cm, $\overline{AH} = 4$ cm.

Por un punto D de la altura, tal que $\overline{AD} = x$, se traza una paralela MN a BC. Desde M y N se trazan perpendiculares a BC.

a) Expresa $\overline{MN}$ en función de x. (Utiliza la semejanza de los triángulos AMN y ABC).

b) Escribe el área del rectángulo $MNPQ$ mediante un polinomio en x.

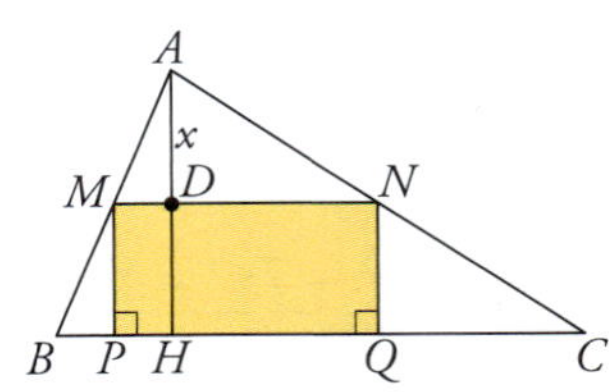

Resuelve: un poco más difícil

69 Tenemos un rectángulo de 20 cm de perímetro. Si la base disminuye en 2 cm y la altura en 3 cm, ¿cuánto disminuye el área del rectángulo? Exprésalo en función de la base.

70 La base de un triángulo mide 20 cm, y la altura, 15 cm. Si la altura aumenta un $x\,\%$ y la base un $(x + 2)\,\%$, expresa el área del nuevo triángulo en función de x.

71 Un comerciante vendió dos bicicletas. En una ganó un 20 % y en la otra perdió el 10 % sobre el precio de compra en ambos casos. En total obtuvo una ganancia de un 15 % sobre lo que le costaron. Expresa algebraicamente este enunciado.

72 Dividimos un alambre de 1 m de longitud en dos partes desiguales. Con una de ellas formamos un triángulo equilátero, y con la otra, un cuadrado. Escribe la suma de las áreas de ambas figuras.

73 De una cartulina rectangular cuyas dimensiones son 30 cm y 20 cm, recortamos un cuadrado de lado x en cada esquina para construir una caja sin tapa. Escribe el volumen de la caja en función de x.

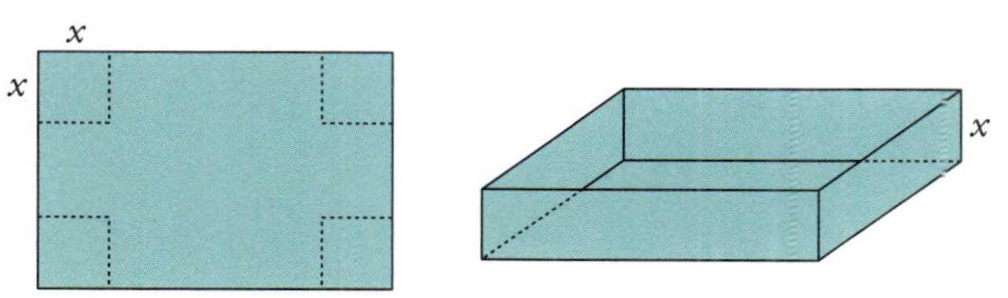

Reflexiona sobre la teoría

74 ¿Cuál debe ser el valor de a y de b para que los polinomios $P(x)$ y $Q(x)$ sean iguales?

$P(x) = x^3 - (4 + a)x + (1 + b)$

$Q(x) = (a + 3)x^3 + (a + 2)x^2 - 2x + 5$

75 Las raíces de $P(x)$ son 0, 2 y –3.

a) Escribe tres divisores de $P(x)$ de primer grado.

b) Escribe un divisor de $P(x)$ de segundo grado.

76 a) Si la división $P(x) : (x - 2)$ es exacta, ¿qué puedes afirmar del valor $P(2)$?

b) Si –5 es una raíz del polinomio $P(x)$, ¿qué puedes afirmar de la división $P(x) : (x + 5)$?

c) ¿En qué resultado te has basado para responder a las dos preguntas anteriores?

77 Inventa dos polinomios de segundo grado que cumplan la condición indicada en cada caso:

a) mín.c.m. $[P(x), Q(x)] = x^2(x - 3)(x + 2)$

b) máx.c.d. $[P(x), Q(x)] = 2x + 1$

78 Tenemos un polinomio $P(x) = (x - 1)^2(x + 3)$. Busca un polinomio de segundo grado, $Q(x)$, que cumpla las dos condiciones siguientes:

a) máx.c.d. $[P(x), Q(x)] = x - 1$

b) mín.c.m. $[P(x), Q(x)] = (x - 1)^2(x^2 - 9)$

79 ¿Por qué fracción hay que multiplicar a $\dfrac{x-5}{x-1}$ para obtener $\dfrac{x^2 - 5x}{x^2 + 3x - 4}$?

80 Prueba que el polinomio $x^2 + (a + b)x + ab$ es divisible por $x + a$ y por $x + b$ para cualquier valor de a y b. ¿Cuál será su descomposición factorial?

81 ¿Verdadero o falso? Justifica y pon ejemplos.

a) Si un polinomio es de grado 3, y otro, de grado 2, su producto es de grado 6.

b) Si $P(0) = 1$, entonces $P(x)$ es divisible por $(x - 1)$.

c) Si sumamos dos polinomios de grado 3, siempre obtenemos un polinomio de grado 3.

d) Si $P(3) \neq 0$, entonces el polinomio $P(x)$ no es divisible por $x - 3$.

e) Si $P(-2) = 0$, entonces $x + 2$ es un factor de $P(x)$.

f) Si $P(x) = ax^2 + bx + 2$ y $P(\pm 2) \neq 0$, entonces $P(x)$ no puede tener raíces enteras.

g) No es posible escribir un polinomio de cuarto grado que solo tenga una raíz triple.

82 Si un polinomio A tiene grado 4 y otro B tiene grado 3, indica el grado del polinomio:

a) Suma de A y B.

b) Resta de A y B.

c) Producto de A y B.

d) Cociente de A y B.

83 ¿Verdadero o falso?

a) El polinomio que resulta de sumar tres polinomios de grados distintos tiene el grado del mayor de ellos.

b) La suma de dos polinomios de tercer grado es otro polinomio de grado 6.

c) La suma de dos polinomios de grado 5 es otro polinomio de grado 5 o menor.

BUSCA REGULARIDADES Y GENERALIZA

Triángulos y potencias

Observa, comprueba y compara:

1 1	$(a+b)^1 = 1a + 1b$
1 2 1	$(a+b)^2 = 1a^2 + 2ab + 1b^2$
1 3 3 1	$(a+b)^3 = 1a^3 + 3a^2b + 3ab^2 + 1b^3$
1 4 6 4 1	$(a+b)^4 = 1a^4 + 4a^3b + 6a^2b^2 + 4ab^3 + 1b^4$

¿Sabrías añadir una fila más a este triángulo numérico? (Se conoce como triángulo de *Tartaglia*).

¿Sabrías escribir el desarrollo polinómico de $(a+b)^5$ sin necesidad de multiplicar el binomio $(a+b)$ por sí mismo cinco veces?

UTILIZA EL INGENIO

Partición

Partir este trapecio en dos o en tres trozos iguales es muy sencillo, pero no lo es tanto hacerlo en cuatro. Inténtalo.

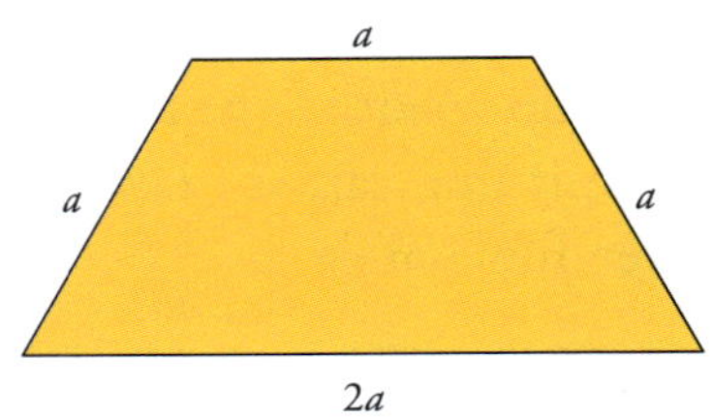

REFLEXIONA Y EXPRÉSATE

¡Curioso!

Piensa tres dígitos que no sean los tres iguales → Por ejemplo, 5, 8 y 3.

Forma con ellos el mayor número .... [x][y][z] → El número mayor 853

Forma el menor .... [z][y][x] → El número menor 358

Réstalos .... [x][y][z] – [z][y][x] → La diferencia .... 853 – 358 = 495

- Comprueba que la diferencia es siempre múltiplo de 9 y de 11.
- Demuestra, utilizando el lenguaje algebraico, que la observación anterior es cierta para cualquier trío de cifras, x, y, z, siendo distintas al menos dos de ellas.

Ayuda:

[x][y][z] $= 100x + 10y + z$

[z][y][x] $= 100z + 10y + x$

ENTRÉNATE RESOLVIENDO OTROS PROBLEMAS

- En cada operación, sustituye cada letra por una cifra distinta de cero.

```
   yz
   yz
   yz
   yz
 + yz
 ----
  xyz
```

```
   ab
 x  c
 ----
   de
 + fg
 ----
   hi
```

- Resuelve estos problemas sin utilizar el álgebra:
  a) Un estanque se alimenta de dos bocas de agua. Abriendo solamente la primera, el estanque se llena en 8 horas y, abriendo ambas, en 3 horas. ¿Cuánto tarda en llenarse si se abre solo la segunda boca?
  b) En una balsa hay un grifo y un sumidero. El sumidero vacía la balsa en 2 horas.

     Un día, sin darnos cuenta, y estando la balsa llena, abrimos el sumidero pero dejamos el grifo abierto. La balsa tardó 5 horas en vaciarse.

     ¿Cuánto tarda el grifo en llenar la balsa?

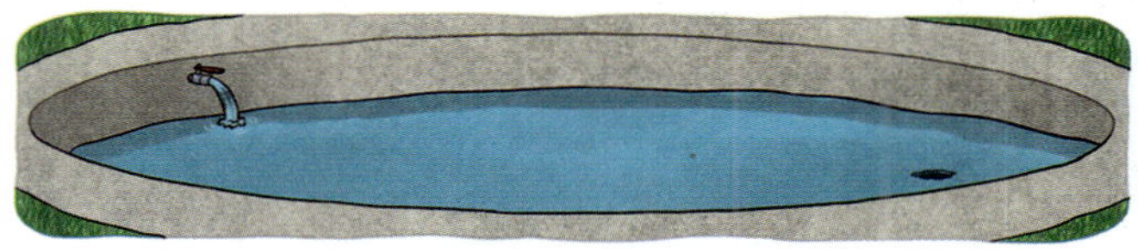

AUTOEVALUACIÓN

anayaeducación.es Resoluciones de estos ejercicios y una autoevaluación interactiva.

1 Multiplica por el mín.c.m. de los denominadores y simplifica.

$$\frac{(x-2)(x+1)}{3} - \frac{(3x-1)^2}{8} + \frac{(2x-3)(2x+3)}{12}$$

2 Halla el cociente y el resto de esta división:

$$(3x^4 - 5x^3 + 4x^2 - 1) : (x^2 + 2)$$

3 Calcula el valor del parámetro m para que el polinomio $P(x) = 7x^3 - mx^2 + 3x - 2$ sea divisible por $x + 1$.

4 Descompón en factores los siguientes polinomios:

a) $x^4 - 12x^3 + 36x^2$ b) $2x^3 + 5x^2 - 4x - 3$

5 Simplifica las siguientes fracciones algebraicas:

a) $\dfrac{2x^2y - xy^2}{10x - 5y}$ b) $\dfrac{3a^2b^2 - 6ab^3}{3a^3b - 6a^2b^2}$

6 Efectúa, y simplifica si es posible.

a) $\dfrac{2x^2}{x-3} : \dfrac{8}{x^3 - 3x^2}$ b) $\dfrac{x^2 - 6}{(x-2)^2} - \dfrac{x-3}{x-2}$

c) $\dfrac{1}{a} - \dfrac{a}{a^2 - 1} + \dfrac{2a+1}{a^3 - a}$

7 Descompón las siguientes fracciones como suma de fracciones elementales:

a) $\dfrac{-9x + 6}{(x-1)(x+2)(x-2)}$

b) $\dfrac{x^3 + 10x^2 + 26x + 23}{x^3 + 4x^2 + x - 6}$

8 Dado el polinomio $P(x) = (x-1)^2(x-3)$:

a) Inventa un polinomio $Q(x)$ de segundo grado tal que $P(x)$ y $Q(x)$ sean primos entre sí.

b) Busca un polinomio $R(x)$ que cumpla:

máx.c.d. $[P(x), R(x)] = (x-1)(x-3)$

mín.c.m. $[P(x), R(x)] = (x-1)^2(x-3)^2(x+2)$

9 Halla a y b para que al dividir $x^3 + ax^2 + bx - 4$ entre $x + 1$ el resto sea -10, y al dividirlo entre $x - 2$ el resto sea 2.

10 En una parcela de lados x e y se construye una casa, en la zona coloreada que se indica en el dibujo.

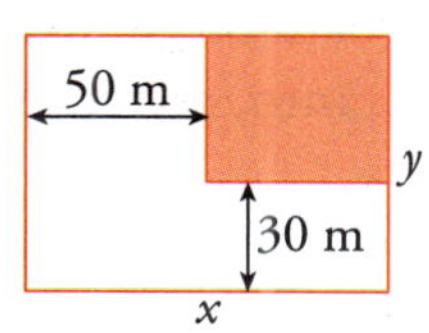

Expresa, en función de x e y, el área de la zona no edificada.

Compromiso ODS Visualiza el vídeo Meta 3.9, piensa en una acción con la que podrías contribuir al logro de esa meta y comprométete a llevarla a cabo.

3

ECUACIONES, INECUACIONES Y SISTEMAS

Hitos en la resolución de ecuaciones...

- EL PIONERO: **Diofanto** (siglo III) propuso problemas algebraicos complejos y los resolvió por métodos originales y muy interesantes. Pero su aportación careció de método general y tuvo poco valor pedagógico.
- LA SISTEMATIZACIÓN: **Al-Jwarizmi** (siglo IX) fue quien, por primera vez, realizó un tratamiento sistemático y completo de la resolución de ecuaciones de primer y segundo grado. Su libro *Al-jabr wa-l-muqabala,* elemental, didáctico y exhaustivo, fue muy estudiado y, posteriormente, traducido a todos los idiomas.
- LOS ITALIANOS DEL SIGLO XVI: En el siglo XVI, varios algebristas italianos (**Tartaglia**, **Cardano**...) mantuvieron unas interesantísimas, agitadas y fecundas discusiones sobre la resolución de distintos tipos de ecuaciones cúbicas (de tercer grado). Toda esa actividad sirvió para dar un gran impulso a la resolución de ecuaciones de grado superior.

Un problema babilonio

En una tablilla babilónica de hace más de 4 000 años se propone el siguiente problema:

> Cuánto mide el lado de un cuadrado sabiendo que su área menos su lado es igual a .

El símbolo  equivale a 10 y  equivale a 1. El primer paquete de símbolos vale, pues, $10 + 1 + 1 + 1 + 1 = 14$, y el segundo, $10 + 10 + 10 = 30$. Los babilonios utilizaban un sistema de numeración posicional de base 60. Por tanto, el número anterior significaba $14 \cdot 60 + 30 = 870$.

(¡Atención! El área es una superficie y el lado una longitud. No se pueden restar. Para que este enunciado sea correcto, habría que decir «el número de u^2 de superficie menos el número de u de su lado es 870»).

... y en los sistemas de ecuaciones

Históricamente, los sistemas de ecuaciones lineales no han sido un reto especialmente difícil. Hace unos 4 000 años, en Babilonia ya se plantearon y resolvieron por tanteo sistemas de ecuaciones lineales con varias incógnitas. Y en el siglo II a. C., en China los resolvían mediante un método elegante y potente, similar al que se usa en la actualidad. Pero ese saber no llegó a Occidente hasta muchos siglos más tarde.

Dos problemas chinos

Escritos en tiras de bambú hace más de 2 200 años:

- Calcula la profundidad de un estanque circular de 10π pies cuadrados de superficie sabiendo que una caña que crece en su centro, y que asoma un pie por encima del agua, alcanza exactamente la superficie si se la dobla hasta el borde del estanque.

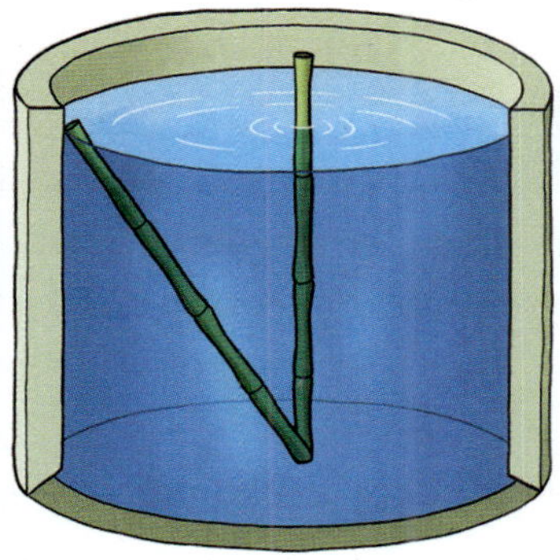

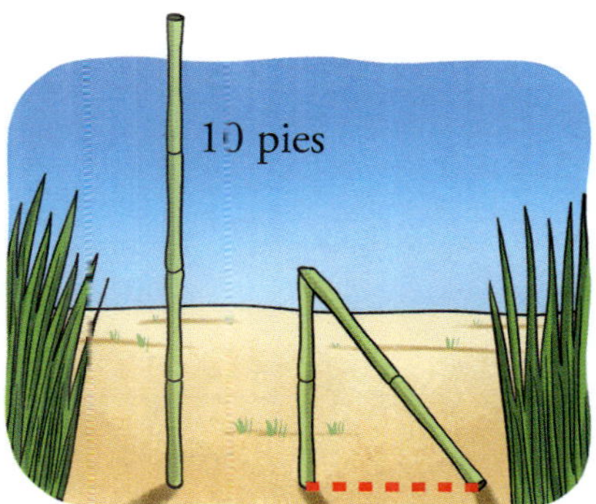

- Hay un bambú de 10 pies de altura que se ha quebrado de modo que su extremo superior se apoya en el suelo a una distancia de 3 pies de la base. ¿A qué altura se ha producido la rotura?

Resuelve

1 Halla el lado de un cuadrado tal que el número de metros cuadrados de su área menos el número de metros de su lado es igual a 870. Resuélvelo sin aplicar la fórmula de una ecuación de segundo grado, teniendo en cuenta que $x^2 - x = x(x-1)$ es el producto de dos números consecutivos. (Descompón 870 en factores).

2 Halla la profundidad del estanque del primer problema chino.

3 Halla la altura de la rotura en el segundo problema chino.

1 ▶ ECUACIONES

Ecuaciones de segundo grado

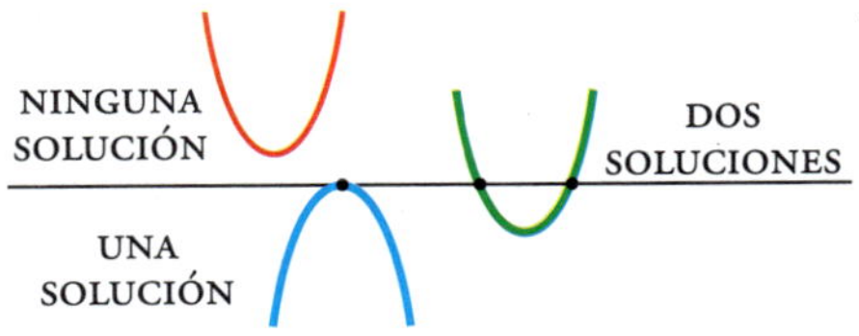

Las ecuaciones de segundo grado son de la forma:

$$ax^2 + bx + c = 0, \text{ con } a \neq 0$$

- **Ecuaciones completas.** Cuando $b \neq 0$ y $c \neq 0$, se dice que la ecuación es completa y se resuelve aplicando la siguiente fórmula:

$$x = \frac{-b \pm \sqrt{b^2 - 4ac}}{2a} \rightarrow \begin{cases} \text{si } b^2 - 4ac > 0, & \text{hay dos soluciones.} \\ \text{si } b^2 - 4ac = 0, & \text{hay una solución.} \\ \text{si } b^2 - 4ac < 0, & \text{no hay ninguna solución.} \end{cases}$$

- **Ecuaciones incompletas.** Si $b = 0$ o $c = 0$, la ecuación se llama incompleta y se puede resolver con mucha sencillez sin necesidad de aplicar la fórmula anterior:

$$b = 0 \rightarrow ax^2 + c = 0 \rightarrow x^2 = -\frac{c}{a} \rightarrow x_1 = \sqrt{-\frac{c}{a}},\ x_2 = -\sqrt{-\frac{c}{a}}$$

$$c = 0 \rightarrow ax^2 + bx = 0 \rightarrow x(ax + b) = 0 \rightarrow x_1 = 0,\ x_2 = -\frac{b}{a}$$

anayaeducacion.es

- Cómo se obtiene la fórmula para resolver la ecuación de 2.º grado.
- Ecuaciones de 2.º grado y problemas para reforzar sus mecanismos de resolución.

Ejercicios resueltos

1 ***Resolver las siguientes ecuaciones incompletas:***

a) $5x^2 - 45 = 0$

b) $5x^2 + 45 = 0$

c) $3x^2 - 21x = 0$

a) $5x^2 - 45 = 0 \rightarrow x^2 = \frac{45}{5} = 9 \rightarrow x = \pm\sqrt{9} = \pm 3$

Soluciones: $x_1 = 3,\ x_2 = -3$

b) $5x^2 + 45 = 0 \rightarrow x^2 = -\frac{45}{5} = -9$ No tiene solución.

c) $3x^2 - 21x = 0 \rightarrow x(3x - 21) = 0 \rightarrow \begin{cases} x = 0 \\ 3x - 21 = 0 \rightarrow x = 7 \end{cases}$

Soluciones: $x_1 = 0,\ x_2 = 7$

2 ***Resolver las siguientes ecuaciones completas:***

a) $x^2 + x - 6 = 0$

b) $9x^2 + 6x + 1 = 0$

c) $5x^2 - 7x + 3 = 0$

a) $x^2 + x - 6 = 0 \rightarrow x = \frac{-1 \pm \sqrt{1 + 24}}{2} = \frac{-1 \pm 5}{2}$

Soluciones: $x_1 = 2,\ x_2 = -3$

b) $9x^2 + 6x + 1 = 0 \rightarrow x = \frac{-6 \pm \sqrt{36 - 36}}{2 \cdot 9} = \frac{-6 \pm 0}{18} = -\frac{6}{18} = -\frac{1}{3}$

Solución única: $x = -\frac{1}{3}$

c) $5x^2 - 7x + 3 = 0 \rightarrow x = \frac{7 \pm \sqrt{49 - 60}}{10} = \frac{7 \pm \sqrt{-11}}{10}$ Sin solución.

Piensa y practica

anayaeducacion.es Resuelve ecuaciones de 2.º grado.

1 Resuelve.

a) $2x^2 - 50 = 0$ b) $3x^2 + 5 = 0$ c) $7x^2 + 5x = 0$

2 Resuelve. a) $10x^2 - 3x - 1 = 0$

b) $x^2 - 20x + 100 = 0$ c) $3x^2 + 5x + 11 = 0$

3 En un triángulo rectángulo, el lado mayor es 3 cm más largo que el mediano, el cual, a su vez, es 3 cm más largo que el pequeño.

¿Cuánto miden los lados?

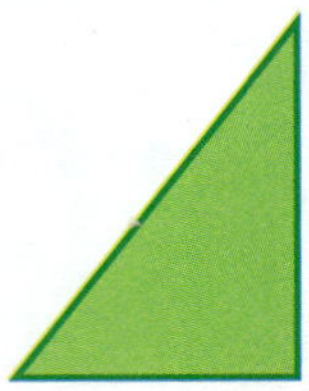

$$ax^4 + bx^2 + c = 0$$
$$x^2 = z \quad x^4 = z^2$$
$$\downarrow$$
$$az^2 + bz + c = 0$$
$$x = \pm\sqrt{z}$$

Ecuaciones bicuadradas: $ax^4 + bx^2 + c = 0$

Son ecuaciones de 4.° grado sin términos de grado impar. Para resolverlas, realizamos el cambio de variable $x^2 = z$ y, por tanto, $x^4 = z^2$. Se obtiene así una ecuación de segundo grado cuya incógnita es z:

$$az^2 + bz + c = 0$$

Una vez resuelta, se obtienen los correspondientes valores de x. Por cada valor positivo de z habrá dos valores de x, pues $x^2 = z \longrightarrow x = \pm\sqrt{z}$.

Una ecuación bicuadrada puede tener una, dos, tres o cuatro soluciones, o no tener ninguna.

Ejercicio resuelto

Resolver esta ecuación:

$$x^4 - 13x^2 + 36 = 0$$

anayaeducacion.es Refuerza la resolución de ecuaciones bicuadradas.

$$x^4 - 13x^2 + 36 = 0 \xrightarrow{x^2 = z} z^2 - 13z + 36 = 0$$

$$z = \frac{13 \pm \sqrt{169 - 144}}{2} = \frac{13 \pm 5}{2} \rightarrow \begin{cases} z = 9 \rightarrow x = \pm 3 \\ z = 4 \rightarrow x = \pm 2 \end{cases}$$

Soluciones: $x_1 = 3,\ x_2 = -3,\ x_3 = 2,\ x_4 = -2$

Ecuaciones con la x en el denominador

Los denominadores algebraicos, al igual que los numéricos, se suprimen multiplicando por el producto de todos ellos o, mejor, por su mínimo común múltiplo. La ecuación a la que así se llega puede ser de las que sabemos resolver.

En el proceso de multiplicar por expresiones polinómicas pueden aparecer soluciones falsas. Por tanto, siempre que lo hagamos, **deberemos comprobar todas las soluciones obtenidas.**

A las ecuaciones con la x en el denominador también se las llama **ecuaciones racionales.**

No lo olvides

En una ecuación, para suprimir denominadores se multiplican los dos miembros por el mínimo común múltiplo de dichos denominadores.

Recuerda que, al terminar, has de comprobar todas las soluciones.

Ejercicio resuelto

Resolver $\dfrac{1}{x} - \dfrac{1}{x+3} = \dfrac{3}{10}$.

anayaeducacion.es Refuerza la resolución de ecuaciones con x en el denominador.

Multiplicamos los dos miembros por $10x(x + 3)$.

$$10(x+3) - 10x = 3x(x+3) \rightarrow 10x + 30 - 10x = 3x^2 + 9x \rightarrow$$

$$\rightarrow 3x^2 + 9x - 30 = 0 \rightarrow x^2 + 3x - 10 = 0 \rightarrow x = \frac{-3 \pm \sqrt{9 + 40}}{2} = \frac{-3 \pm 7}{2}$$

Hay dos soluciones: $x_1 = 2,\ x_2 = -5$. Comprobadas en la ecuación inicial, constatamos que ambas son válidas:

$$\frac{1}{2} - \frac{1}{5} = \frac{5-2}{10} = \frac{3}{10} \qquad \frac{1}{-5} - \frac{1}{-2} = -\frac{1}{5} + \frac{1}{2} = \frac{3}{10}$$

Piensa y practica

anayaeducacion.es Resuelve ecuaciones bicuadradas.

4 Resuelve.

a) $3x^4 - 12x^2 = 0$ b) $3x^4 + 75x^2 = 0$

c) $7x^4 - 112 = 0$ d) $x^4 - 9x^2 + 20 = 0$

e) $4x^4 + 19x^2 - 5 = 0$ f) $x^4 + 9x^2 + 18 = 0$

5 Resuelve estas ecuaciones:

a) $\dfrac{x}{x-1} + \dfrac{2x}{x+1} = 3$ b) $\dfrac{5}{x+2} + \dfrac{x}{x+3} = \dfrac{3}{2}$

c) $\dfrac{1}{x} + \dfrac{1}{x^2} = \dfrac{3}{4}$ d) $\dfrac{x+1}{x+5} + \dfrac{1-x}{x-4} = \dfrac{5}{2}$

Ecuaciones con radicales

Ocasionalmente, nos encontraremos con ecuaciones en las que la x se halla bajo una raíz cuadrada. Para resolver este tipo de ecuaciones, suele convenir eliminar la raíz aislándola primero en un miembro y, después, elevando ambos miembros al cuadrado. Pero ¡atención!, en este proceso de elevar al cuadrado, aunque se conservan todas las soluciones, pueden introducirse soluciones nuevas que, naturalmente, hay que rechazar. Por eso, en este tipo de ecuaciones **es fundamental comprobar todas las soluciones.**

A las ecuaciones con la incógnita bajo radicales también se las llama **ecuaciones irracionales.**

No lo olvides

Es imprescindible comprobar todas las posibles soluciones.

Ejercicios resueltos

1 ***Resolver la ecuación.***

$$\sqrt{x^2+7}+2=2x$$

$\sqrt{x^2+7}+2=2x \to \sqrt{x^2+7}=2x-2$

Elevamos al cuadrado ambos miembros:

$$x^2+7=4x^2-8x+4 \to 3x^2-8x-3=0 \to x=\frac{8\pm\sqrt{64+36}}{6}=\frac{8\pm10}{6}$$

Hay dos posibles soluciones: $x_1=3$, $x_2=-\frac{1}{3}$. Las comprobamos:

- $\sqrt{3^2+7}+2=\sqrt{16}+2=6;\ 2\cdot3=6$. La primera, $x_1=3$, sí es solución.
- $\left.\begin{array}{l}\sqrt{\left(-\frac{1}{3}\right)^2+7}+2=\sqrt{\frac{64}{9}}+2=\frac{8}{3}+2=\frac{14}{3}\\ 2\left(-\frac{1}{3}\right)=-\frac{2}{3}\end{array}\right\}$ La segunda, $-\frac{1}{3}$, no es solución.

Por tanto, la solución es $x=3$.

2 ***Resolver la ecuación.***

$$\sqrt{x+4}-\sqrt{6-x}=2$$

Pasamos $\sqrt{6-x}$ al segundo miembro:

$\sqrt{x+4}=2+\sqrt{6-x}$. Elevamos al cuadrado los dos miembros:

$$x+4=4+(6-x)+4\sqrt{6-x} \to x+4=10-x+4\sqrt{6-x} \to$$

$$\to 2x-6=4\sqrt{6-x} \to x-3=2\sqrt{6-x}$$

Volvemos a elevar al cuadrado:

$$x^2-6x+9=4(6-x) \to x^2-6x+9=24-4x \to x^2-2x-15=0 \to$$

$$\to x=\frac{2\pm\sqrt{4+60}}{2}=\frac{2\pm8}{2} \begin{cases} x_1=5 \\ x_2=-3 \end{cases}$$

Comprobamos las dos posibles soluciones:

- $\sqrt{5+4}-\sqrt{6-5}=\sqrt{9}-\sqrt{1}=3-1=2 \to x_1=5$ sí es solución.
- $\sqrt{-3+4}-\sqrt{6-(-3)}=\sqrt{1}-\sqrt{9}=1-3=-2 \to -3$ no es solución.

Por tanto, la solución es $x=5$.

anayaeducacion.es
Refuerza la resolución de ecuaciones con radicales.

Piensa y practica

6 Resuelve las ecuaciones siguientes:

a) $x-\sqrt{2x-3}=1$ b) $\sqrt{x+4}-\sqrt{6-x}=-2$ c) $\sqrt{x^2+2x+9}-7=2x$ d) $\sqrt{20-x}=x-8$

Ecuaciones exponenciales

Son aquellas en las que la incógnita está en el exponente. Veamos algunos tipos que requieren distintos procedimientos de resolución:

Ejercicio resuelto

Resolver las siguientes ecuaciones:

a) $5^{x^2-4x} = \dfrac{1}{125}$

b) $5^{x+1} = 183$

c) $3^x + 3^{x+2} = 90$

anayaeducacion.es Resolución de ecuaciones exponenciales.

a) El primer miembro es una potencia de base 5. Y el segundo, también:

$$\frac{1}{125} = \frac{1}{5^3} = 5^{-3}$$

La ecuación queda así: $5^{x^2-4x} = 5^{-3}$. Por tanto: $x^2 - 4x = -3$

Las soluciones de la ecuación $x^2 - 4x + 3 = 0$ son $x_1 = 1$ y $x_2 = 3$.

b) Puesto que el segundo miembro no se puede poner como potencia de base 5, como el primer miembro, no es posible aplicar el método del ejercicio anterior. Lo resolvemos tomando logaritmos neperianos en los dos miembros:

$ln\, 5^{x+1} = (x+1)\, ln\, 5$ (el logaritmo de una potencia es igual al exponente por el logaritmo de la base).

$$(x+1)\, ln\, 5 = ln\, 183 \rightarrow x = \frac{ln\, 183}{ln\, 5} - 1 = 2{,}2368$$

c) Tenemos en cuenta que $3^{x+2} = 3^x \cdot 3^2 = 9 \cdot 3^x$.

Por tanto: $3^x + 3^{x+2} = 3^x + 9 \cdot 3^x = 10 \cdot 3^x$.

La ecuación queda así: $10 \cdot 3^x = 90 \rightarrow 3^x = 9 \rightarrow x = 2$

Ecuaciones logarítmicas

Son aquellas en las que la incógnita está en una expresión afectada por un logaritmo. Se resuelven teniendo en cuenta las propiedades de los logaritmos.

En este tipo de ecuaciones también es necesario comprobar la solución. Recuerda que solo existe el logaritmo de números positivos y que la base del logaritmo debe ser positiva y distinta de 1.

Ejercicio resuelto

Resolver estas ecuaciones:

a) $log_3\, (5x-7) = 2$

b) $log_5\, (x^2-8) = 0$

c) $log_x\, 16 = 2$

a) Por la definición de logaritmo: $3^2 = 5x - 7$

$5x - 7 = 9 \rightarrow 5x = 16 \rightarrow x = \dfrac{16}{5}$

b) $5^0 = x^2 - 8$. Puesto que $5^0 = 1$, la ecuación queda así:

$x^2 - 8 = 1 \rightarrow x^2 = 9 \rightarrow x_1 = 3,\ x_2 = -3$

c) $x^2 = 16 \rightarrow x_1 = -4,\ x_2 = 4$. La solución $x_2 = -4$ no es válida, pues la base del logaritmo no puede ser negativa. La única solución es $x = 4$.

Piensa y practica

anayaeducacion.es Resolución de ecuaciones logarítmicas.

7 Resuelve las siguientes ecuaciones exponenciales:

a) $3^{x^2-5} = 81$ b) $2^{x+1} = \sqrt[3]{4}$

c) $4^x + 4^{x+2} = 272$ d) $2^x + 2^{x+3} = 36$

e) $5^x = 193$ f) $2^{x^2-2} = 835$

8 Resuelve aplicando la definición de logaritmo.

a) $log_2\, (2x-1) = 3$ b) $log_2\, (x+3) = -1$

c) $log\, 4x = 2$ d) $log\, (x-2) = 2{,}5$

e) $log\, (3x+1) = -1$ f) $log_2\, (x^2-8) = 0$

Ecuaciones del tipo (...) · (...) · (...) = 0

Para que un producto sea igual a 0, es suficiente que lo sea alguno de sus factores. Por tanto, una ecuación de este tipo se puede resolver fácilmente siempre que cada paréntesis dé lugar a una ecuación que sepamos resolver.

Por ejemplo, $x^2(x^2 - 36) \cdot (3^{2x-1} - 243) = 0$. Igualamos cada factor a cero:

$$x^2 = 0 \rightarrow x = 0 \text{ (raíz doble)}$$

$$x^2 - 36 = 0 \rightarrow x^2 = 36 \rightarrow x = \pm 6$$

$$3^{2x-1} - 243 = 0 \rightarrow 3^{2x-1} = 3^5 \rightarrow 2x - 1 = 5 \rightarrow x = 3$$

Soluciones: $x_1 = 0$ (doble), $x_2 = 6$, $x_3 = -6$, $x_4 = 3$

> **anayaeducacion.es**
> - Refuerza la resolución de ecuaciones mediante factorización.
> - Refuerza la resolución de problemas con ecuaciones.

Ejercicio resuelto

Resolver la siguiente ecuación:

$$(x^2 - 2x - 15)(3^{x-1} - 27) = 0$$

Al igualar a cero cada paréntesis, se obtienen dos ecuaciones:

$x^2 - 2x - 15 = 0 \rightarrow x_1 = -3,\ x_2 = 5$

$3^{x-1} - 27 = 0 \rightarrow 3^{x-1} = 3^3 \rightarrow x - 1 = 3 \rightarrow x = 4$

Soluciones: $x_1 = -3$, $x_2 = 5$, $x_3 = 4$

Ecuaciones polinómicas de grado mayor que 2

La descomposición factorial vista en la unidad anterior permite expresar polinomios como producto de factores. A partir de aquí, la resolución es inmediata. Por ejemplo, el polinomio $P(x) = 10x^4 - 3x^3 - 41x^2 + 12x + 4$ fue factorizado en la unidad anterior:

$$P(x) = 10x^4 - 3x^3 - 41x^2 + 12x + 4 = 10(x - 2)(x + 2)(x - 1/2)(x + 1/5)$$

Ahora, la resolución de $P(x) = 0$ es obvia: $x_1 = 2$, $x_2 = -2$, $x_3 = 1/2$, $x_4 = -1/5$

> **Atención**
>
> Cuando uses la calculadora para resolver ecuaciones polinómicas, es importante configurar la entrada y salida matemática **(1:E Mat/S Mat)**, así obtienes los resultados con una expresión exacta y no aproximada en forma decimal.

Resolución de ecuaciones de hasta 4.º grado con calculadora

Recuerda, del curso anterior, que para resolver una ecuación polinómica con la calculadora, hay que pulsar (MENÚ) y seleccionar **A:Ecuación/Func.** Después, al elegir **2:Polinómica** te preguntan el grado. Escribimos el grado y vamos introduciendo los coeficientes de la ecuación. Finalmente, pulsamos ⊜ varias veces para ir obteniendo sus soluciones.

Introducimos, por ejemplo, el polinomio del subepígrafe anterior:

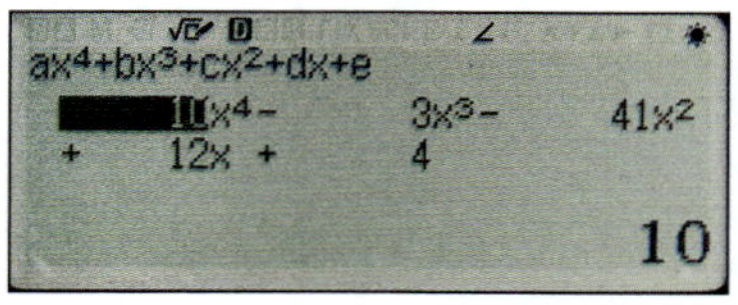

10 ⊜⊖ 3 ⊜⊖ 41 ⊜12 ⊜ 4 ⊜

Cada vez que presionamos ⊜ obtenemos una solución.

> **Soluciones no válidas**
>
> Si al resolver una ecuación polinómica con la calculadora obtienes algunas soluciones en las que aparece la letra i, estas no son válidas.
>
> Por ejemplo, al resolver la ecuación $x^3 - 3x^2 + x - 3 = 0$, aparece $x_1 = 3$, $x_2 = i$, $x_3 = -i$. Solo tiene una solución, $x = 3$.

Piensa y practica

9 Resuelve las ecuaciones siguientes:

a) $\left(\sqrt{x} - x + 2\right)\left(\sqrt{x} - 3\right)\left(\sqrt{x} + 3\right) = 0$

b) $(x^4 - 13x^2 + 36)\left(\frac{1}{x} + \frac{1}{x^2} - \frac{10}{9}\right) = 0$

10 Resuelve.

a) $x^4 - 10x^3 + 5x^2 + 40x - 36 = 0$

b) $9x^4 + 18x^3 - 28x^2 - 2x + 3 = 0$

Comprueba los resultados con la calculadora.

Piensa y practica

11 Resuelve estas ecuaciones:

a) $3x^2 - 48 = 0$ b) $3x^2 + 48 = 0$

c) $5x^2 - 7x = 0$ d) $6x^2 - x - 1 = 0$

e) $10x^2 + 9x = 5{,}2$ f) $7x^2 - 3x + 4 = 0$

12 Resuelve las ecuaciones siguientes:

a) $7x^4 = 63x^2$ b) $x^4 - 10x^2 + 9 = 0$

c) $4x^4 - 5x^2 + 1 = 0$ d) $x^4 + 5x^2 + 4 = 0$

13 Resuelve.

a) $\dfrac{x+7}{x+3} + \dfrac{x^2 - 3x + 6}{x^2 + 2x - 3} = 1$

b) $\dfrac{x+1}{x^2 - 2x} + \dfrac{x-1}{x} = 2$

14 Resuelve.

a) $\sqrt{4x+5} = x + 2$ b) $\sqrt{x} + 2 = x$

c) $\left(\sqrt{x} - x + 2\right)\left(\sqrt{x} - 3\right)\left(\sqrt{x} + 3\right) = 0$

15 Resuelve.

a) $\sqrt{6-x} = 3$ b) $\sqrt{2x-4} - 2\sqrt{x-3} = 0$

c) $\sqrt{2x-1} = 5$ d) $2\sqrt{x-1} - \sqrt{6-x} = 0$

16 Resuelve.

a) $\sqrt{x+4} + 7 = 2x$ b) $\sqrt{13 - x^2} + x = 5$

c) $\sqrt{x-2} - \sqrt{12-x} = 2$ d) $\sqrt{x-5} + \sqrt{x} = 5$

17 Resuelve.

a) $\dfrac{x-1}{\sqrt{x^2 + 6x}} = \dfrac{1}{4}$ b) $\dfrac{x-1}{\sqrt{x^2 + 6x}} = \dfrac{1}{2x}$

c) $\dfrac{1-x}{\sqrt{10+x}} = \dfrac{x+3}{3}$ d) $3\sqrt{x-1} + 2 = \dfrac{5}{\sqrt{x-1}}$

18 Resuelve.

a) $4^{x^2 - 2x - 8} = \dfrac{1}{1024}$ b) $3^{2x-1} = \sqrt{27}$

c) $2^{x+1} + 2^{x+3} = 320$ d) $2{,}5^x = 49$

19 Resuelve.

a) $5^{x^2 - 1} = 1$

b) $3^{x+2} = 1$

c) $9^{2x+1} - 27^x = 0$

d) $5^{x-1} - 25^{x+1} = 0$

20 Ejercicio resuelto

Resolver esta ecuación: $4^{x-1} - 5 \cdot 2^{x-2} + 1 = 0$

Expresamos en función de 2^x. Para ello, tenemos en cuenta que $4^x = (2^2)^x = (2^x)^2$.

$$\frac{4^x}{4} - 5\frac{2^x}{4} + 1 = 0 \rightarrow \frac{(2^x)^2}{4} - 5\frac{2^x}{4} + 1 = 0$$

Hacemos $2^x = t$ y, por tanto, $(2^x)^2 = t^2$. Obtenemos:

$$\frac{t^2}{4} - 5\frac{t}{4} + 1 = 0 \rightarrow t^2 - 5t + 4 = 0 \rightarrow t = 4 \text{ y } t = 1$$

Deshacemos el cambio: $2^x = 4 \rightarrow x_1 = 2$; $2^x = 1 \rightarrow x_2 = 0$

21 Resuelve estas ecuaciones:

a) $4^{x+1} = 2 - 7 \cdot 2^x$

b) $3^{x+1} + 6 \cdot 3^x = 3$

c) $2^{3+2x} - 3 \cdot 2^{x+1} + 1 = 0$

22 Resuelve.

a) $log_7 (5x + 6) = 2$ b) $log_3 (2 - 3x) = 0$

c) $log \left(\sqrt{x} - 3\right) = -1$ d) $log_2 (x^2 - 3x) = 2$

23 Resuelve.

a) $log_3 x + log_3 (x + 2) = 1$

b) $log_2 (x - 3) + log_2 (x - 4) = 1$

24 Ejercicio resuelto

Resolver la ecuación $log_9 4 + log_3 (x + 4) = 2log_3 x$.

Expresamos el $log_9 4$ como $\dfrac{log_3 4}{log_3 9}$, con lo cual nos queda:

$$\frac{log_3 4}{log_3 9} + log_3 (x+4) = log_3 x^2 \rightarrow$$

$$\rightarrow \frac{log_3 2^2}{2} + log_3 (x+4) = log_3 x^2 \rightarrow$$

$$\rightarrow log_3 2 + log_3 (x+4) = log_3 x^2 \rightarrow$$

$$\rightarrow log_3 2(x+4) = log_3 x^2 \rightarrow 2(x+4) = x^2 \rightarrow$$

$$\rightarrow x^2 - 2x - 8 = 0 \rightarrow x_1 = 4,\ x_2 = -2$$

$x = -2$ no vale como solución porque no existe el $log_3 x$ (en la ecuación inicial) si x es negativo. *Solución:* $x = 4$

25 Resuelve la ecuación $log_5 x - log_{25} (x + 6) = 0$.

26 Resuelve, teniendo en cuenta $log_x 5 = \dfrac{log_5 5}{log_5 x} = \dfrac{1}{log_5 x}$.

a) $log_5 x = 4log_x 5 + 3$

b) $log_3 x = 9log_x 3$ c) $log_3 x + 2 = 3log_x 3$

2 ▶ SISTEMAS DE ECUACIONES

Sistemas de ecuaciones lineales

anayaeducacion.es
Repasa lo que ya sabías sobre el número de soluciones de un sistema de ecuaciones.

Vamos a recordar qué son los sistemas de ecuaciones y cómo se resuelven.

> Dos ecuaciones forman un **sistema de ecuaciones** cuando lo que pretendemos de ellas es encontrar su solución común.
>
> Si ambas ecuaciones son lineales, se dice que el sistema es lineal.
>
> $$\begin{cases} ax + by = c \\ a'x + b'y = c' \end{cases}$$

Hay tres métodos para resolver sistemas de ecuaciones: sustitución, igualación y reducción. Recordemos alguno de ellos.

Ejercicios resueltos

1 ***Resolver este sistema:***

$$\begin{cases} 3x + 2y = 7 \\ 5x - \ \ y = 16 \end{cases}$$

Despejamos la y en la 2.ª ecuación: $y = 5x - 16$

Sustituimos en la 1.ª: $3x + 2(5x - 16) = 7$ (método de sustitución)

Resolvemos la ecuación: $3x + 10x - 32 = 7 \rightarrow 13x = 39 \rightarrow x = 3$

Sustituimos arriba: $y = 5 \cdot 3 - 16 = 15 - 16 = -1$

Solución: $x = 3$, $y = -1$. O bien $(3, -1)$.

2 ***Resolver.***

$$\begin{cases} 6x - 5y = -3 \\ 3x + 2y = 12 \end{cases}$$

Multiplicamos por 2 la 2.ª ecuación para igualar los coeficientes de la x:

$$\left.\begin{array}{l} 6x - 5y = -3 \\ 6x + 4y = 24 \end{array}\right\}$$ Restamos, 2.ª – 1.ª: $9y = 27 \rightarrow y = 3$ (método de reducción)

Sustituimos en una de las dos ecuaciones iniciales: $6x - 5 \cdot 3 = -3 \rightarrow x = 2$

Solución: $x = 2$, $y = 3$. O bien $(2, 3)$.

Resolución de sistemas lineales con la calculadora

anayaeducacion.es
Refuerza la resolución de sistemas de ecuaciones.

Para resolver un sistema de ecuaciones lineales con la calculadora, pulsa MENÚ y toma la opción **A:Ecuación/Func.** A continuación, elige **1:Sist ec lineal** y selecciona el número de incógnitas. Finalmente, introduce los coeficientes y el término independiente de cada ecuación y pulsa = dos veces, la primera para obtener el valor de x, y la segunda para obtener el de y.

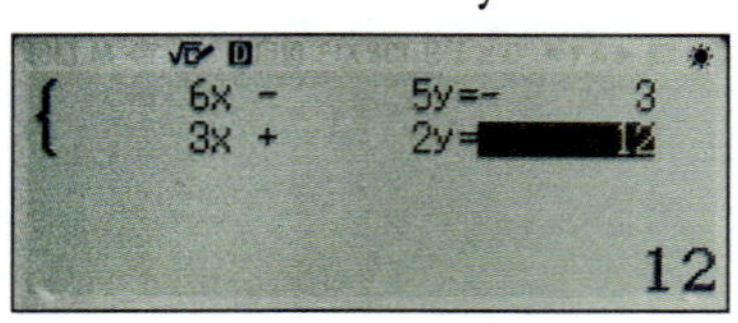

Piensa y practica

1 Resuelve los siguientes sistemas:

a) $\begin{cases} x + 5y = 7 \\ 3x - 5y = 11 \end{cases}$ b) $\begin{cases} 5x + y = 8 \\ 3x - y = 11 \end{cases}$ c) $\begin{cases} 3x + 10y = 6 \\ x + 2y = 1 \end{cases}$ d) $\begin{cases} x + 5y = 7 \\ 3x - 5y = 11 \end{cases}$ e) $\begin{cases} 3x - 5y = -26 \\ 4x + 10y = 32 \end{cases}$ f) $\begin{cases} 22x + 17y = 49 \\ 31x - 26y = 119 \end{cases}$

Sistemas de ecuaciones no lineales

Los métodos conocidos para resolver sistemas de ecuaciones lineales, junto con lo que sabemos de resolución de ecuaciones no lineales, nos permiten, casi sin ningún esfuerzo adicional, resolver sistemas de ecuaciones de muy diversos tipos.

Cuando en el proceso de resolución de un sistema debamos suprimir una raíz cuadrada (elevando al cuadrado) o unos denominadores (multiplicando por su mínimo común múltiplo), es posible que se introduzca alguna solución falsa. Por eso, en tales casos **es necesario comprobar todas las soluciones sobre el sistema de ecuaciones inicial.**

Ejercicios resueltos

1 ***Resolver por el método más conveniente.***

$$\begin{cases} y - x = 1 \\ x^2 + y^2 = 5 \end{cases}$$

$\begin{cases} y - x = 1 \\ x^2 + y^2 = 5 \end{cases}$ Utilizaremos el método de sustitución.

Despejamos y en la 1.ª: $y = x + 1$

Sustituimos en la 2.ª: $x^2 + (x + 1)^2 = 5$

Desarrollamos el paréntesis: $x^2 + x^2 + 2x + 1 - 5 = 0$

Agrupamos: $2x^2 + 2x - 4 = 0$

Resolvemos: $x = \dfrac{-2 \pm \sqrt{4 + 32}}{4} = \dfrac{-2 \pm 6}{4} \to x_1 = 1, \; x_2 = -2$

Si $x = 1$, entonces $y = 1 + 1 = 2$.

Si $x = -2$, entonces $y = -2 + 1 = -1$.

Soluciones: $\begin{cases} x_1 = 1, \; y_1 = 2 \\ x_2 = -2, \; y_2 = -1 \end{cases}$

2 ***Resolver el sistema siguiente:***

$$\begin{cases} x^2 + y^2 = 58 \\ x^2 - y^2 = 40 \end{cases}$$

$\begin{cases} x^2 + y^2 = 58 \\ x^2 - y^2 = 40 \end{cases}$ Utilizaremos el método de reducción.

Sumando las dos ecuaciones, se obtiene:

$$2x^2 = 98 \to x^2 = 49 \to x = 7, \; x = -7$$

Si $x = 7$, entonces $y^2 = 58 - 7^2 = 9 \to y = 3, \; y = -3$

Si $x = -7$, entonces $y^2 = 58 - (-7)^2 = 9 \to y = 3, \; y = -3$

Soluciones: $\begin{cases} x_1 = 7, \; y_1 = 3 \\ x_2 = 7, \; y_2 = -3 \\ x_3 = -7, \; y_3 = 3 \\ x_4 = -7, \; y_4 = -3 \end{cases}$

Piensa y practica

anayaeducacion.es Resolución de sistemas de ecuaciones no lineales.

2 Resuelve estos sistemas:

a) $\begin{cases} x - y = 15 \\ xy = 100 \end{cases}$

b) $\begin{cases} x^2 + y^2 = 41 \\ x^2 - y^2 = 9 \end{cases}$

c) $\begin{cases} x^2 + xy + y^2 = 21 \\ x + y = 1 \end{cases}$

Ejercicios resueltos

1 ***Resolver este sistema:***

$$\begin{cases} x = 2y + 1 \\ \sqrt{x+y} - \sqrt{x-y} = 2 \end{cases}$$

Utilizaremos el método de sustitución, reemplazando en la segunda ecuación el valor de la x de la primera:

$\sqrt{(2y+1)+y} - \sqrt{(2y+1)-y} = 2$

Simplificamos: $\sqrt{3y+1} - \sqrt{y+1} = 2$

Aislamos una raíz: $\sqrt{3y+1} = 2 + \sqrt{y+1}$

Elevamos al cuadrado: $3y + 1 = 4 + (y+1) + 4\sqrt{y+1}$

Simplificamos y aislamos la raíz: $2y - 4 = 4\sqrt{y+1}$

Simplificamos: $y - 2 = 2\sqrt{y+1}$

Elevamos al cuadrado: $y^2 - 4y + 4 = 4(y+1)$

Simplificamos: $y^2 - 8y = 0 \to y_1 = 0, \ y_2 = 8$

Hallamos los correspondientes valores para x:

Si $y_1 = 0, \to$ entonces $x_1 = 2 \cdot 0 + 1 = 1$

Si $y_2 = 8, \to$ entonces $x_2 = 2 \cdot 8 + 1 = 17$

Posibles soluciones: $x = 1, \ y = 0$; $x = 17, \ y = 8$

Ahora, comprobamos estas posibles soluciones sobre el sistema de ecuaciones inicial:

— $x = 1, \ y = 0$ cumple la 1.ª ecuación, pero no la 2.ª. No es solución.

— $x = 17, \ y = 8$ cumple las dos ecuaciones. Sí es solución.

Solución: La única solución del sistema es $x = 17, \ y = 8$.

2 ***Resolver.***

$$\begin{cases} \dfrac{1}{x} + \dfrac{1}{y} = 1 - \dfrac{1}{xy} \\ xy = 6 \end{cases}$$

Empezamos simplificando la primera ecuación:

$\dfrac{y+x}{xy} = \dfrac{xy-1}{xy} \to y + x = xy - 1$

Por tanto, el sistema queda: $\begin{cases} y + x = xy - 1 \\ xy = 6 \end{cases}$

Sustituyendo el valor de xy de la 2.ª en la 1.ª: $y + x = 6 - 1 \to y = 5 - x$

Ahora, sustituimos este valor en la 2.ª:

$x(5-x) = 6 \to -x^2 + 5x = 6 \to x^2 - 5x + 6 = 0$ $\begin{cases} x_1 = 3 \\ x_2 = 2 \end{cases}$

Si $x_1 = 3 \to y_1 = 5 - 3 = 2 \to$ *Solución:* $x_1 = 3, \ y_1 = 2$

Si $x_2 = 2 \to y_2 = 5 - 2 = 3 \to$ *Solución:* $x_2 = 2, \ y_2 = 3$

Se comprueba que ambas soluciones son válidas.

anayaeducacion.es
Refuerza la resolución de sistemas de ecuaciones no lineales.

Piensa y practica

3 Resuelve: a) $\begin{cases} 2x - y - 1 = 0 \\ x^2 - 7 = y + 2 \end{cases}$ b) $\begin{cases} x + y = 18 \\ xy = y + 6x + 4 \end{cases}$ c) $\begin{cases} y + 8 = x^2 \\ y - 2x = 0 \end{cases}$ d) $\begin{cases} \dfrac{2}{x} + \dfrac{3}{y} - \dfrac{6}{xy} = 1 \\ x + y = 5 \end{cases}$ e) $\begin{cases} \sqrt{x} - \sqrt{y-x} = 2 \\ 5x = 4y \end{cases}$

3 ***Resolver el siguiente sistema:***

$$\begin{cases} 2^{x-2} - 3^{y-1} = 5 \\ 2^{x+1} - 3^{y+2} = -17 \end{cases}$$

Vamos a efectuar un cambio de variables:

$2^x = z$; por tanto, $2^{x-2} = \dfrac{2^x}{2^2} = \dfrac{z}{4}$; $2^{x+1} = 2 \cdot 2^x = 2z$

$3^y = t$; por tanto, $3^{y-1} = \dfrac{3^y}{3} = \dfrac{t}{3}$; $3^{y+2} = 3^2 \cdot 3^y = 9 \cdot 3^y = 9t$

El sistema queda así:

$$\left.\begin{aligned} \frac{z}{4} - \frac{t}{3} &= 5 \\ 2z - 9t &= -17 \end{aligned}\right\} \rightarrow \left.\begin{aligned} 3z - 4t &= 60 \\ 2z - 9t &= -17 \end{aligned}\right\} \rightarrow \text{Restamos: } z + 5t = 77$$

Despejamos $z = 77 - 5t$ y sustituimos en la 2.ª ecuación:

$2(77 - 5t) - 9t = -17 \rightarrow 154 - 10t - 9t = -17 \rightarrow 19t = 171 \rightarrow t = 9$

$z = 77 - 5t = 77 - 45 = 32$

Ahora deshacemos el cambio de variables:

$$\left.\begin{aligned} z = 32 \rightarrow 2^x = 32 = 2^5 \rightarrow x = 5 \\ t = 9 \rightarrow 3^y = 9 = 3^2 \rightarrow y = 2 \end{aligned}\right\} \rightarrow \textit{Solución: } x = 5,\ y = 2$$

4 ***Resolver este sistema:***

$$\begin{cases} \log_5 x^5 - \log_5 y^4 = -2 \\ \log_5 (xy^2) = 8 \end{cases}$$

Aplicamos las propiedades de los logaritmos:

$$\left.\begin{aligned} 5 \log_5 x - 4 \log_5 y &= -2 \\ \log_5 x + 2 \log_5 y &= 8 \end{aligned}\right\} \text{Hacemos cambio de variables: } \log_5 x = z;\ \log_5 y = t$$

El sistema queda así:

$$\left.\begin{aligned} 5z - 4t &= -2 \\ z + 2t &= 8 \end{aligned}\right\} \rightarrow \left.\begin{aligned} 5z - 4t &= -2 \\ 2z + 4t &= 16 \end{aligned}\right\}$$

Hemos multiplicado por 2 la segunda ecuación para poder aplicar el método de reducción.

Sumamos: $7z = 14 \rightarrow z = 2$; y sustituimos: $2t = 8 - 2 \rightarrow t = 3$

Finalmente, deshacemos los cambios y obtenemos la solución:

$$\left.\begin{aligned} z = 2 \rightarrow \log_5 x = 2 \rightarrow x = 5^2 = 25 \\ t = 3 \rightarrow \log_5 y = 3 \rightarrow y = 5^3 = 125 \end{aligned}\right\} \rightarrow \textit{Solución: } x = 25,\ y = 125$$

Piensa y practica

4 Resuelve los siguientes sistemas de ecuaciones:

a) $\begin{cases} 3^{x+1} + 4^{y-2} = 5 \\ 3^{x+2} + 4^{y-1} = 19 \end{cases}$

b) $\begin{cases} \log_2 x^2 - \log_2 y = 2 \\ \log_2 \left(\dfrac{x^3}{y}\right) = 6 \end{cases}$

c) $\begin{cases} 2^{x+1} + 5^{y-2} = 5 \\ 4^x - 5^{y-1} = -1 \end{cases}$

d) $\begin{cases} \log x^2 + 2 \log y = 2 \\ x - y = 3 \end{cases}$

5 Resuelve.

$$\begin{cases} \dfrac{x+y}{3} - \dfrac{2(x-y)}{5} = \dfrac{11}{5} \\ \dfrac{3x+y}{2} + 2(x-y) = \dfrac{-9}{2} \end{cases}$$

6 Resuelve estos sistemas no lineales:

a) $\begin{cases} x^2 + y^2 = 5 \\ x^2 - y^2 = 3 \end{cases}$

b) $\begin{cases} x + y = 2 \\ x^2 + 2y = 7 \end{cases}$

c) $\begin{cases} 2x + y = 3 \\ x^2 - y^2 = 0 \end{cases}$

d) $\begin{cases} 3x + y = 1 \\ xy = -2 \end{cases}$

e) $\begin{cases} 3x^2 - 5y^2 = 30 \\ x^2 - 2y^2 = 7 \end{cases}$

f) $\begin{cases} \sqrt{x} + \sqrt{y} = 5 \\ \sqrt{x} - \sqrt{y} = 1 \end{cases}$

g) $\begin{cases} \dfrac{1}{x^2} + \dfrac{1}{y^2} = 17 \\ \left(\dfrac{1}{x} + \dfrac{1}{y}\right) = 9 \end{cases}$

h) $\begin{cases} \dfrac{2}{x+1} + \dfrac{3}{y+1} = 1 \\ \dfrac{4}{x-1} - \dfrac{1}{y-3} = 1 \end{cases}$

3 INECUACIONES CON UNA INCÓGNITA

A veces, los enunciados que dan lugar a una expresión algebraica no dicen «es igual a», sino «es mayor que», «es menor que», «es mayor o igual que» o «es menor o igual que». Por ejemplo:

La longitud de una mesa es de 141 cm. La mido mediante palmos y con 6 me quedo corto. ¿Qué puedo decir de la longitud de mi palmo?

Traduzcamos el enunciado a lenguaje algebraico:

La *longitud de mi palmo* es la incógnita. La llamo x.

Seis veces mi palmo no llega a ser 141 cm $\leftrightarrow$ $6x < 141$

Esta expresión se llama **inecuación.**

Observa que, según esto, una **inecuación** es una propuesta en la que aparece una desigualdad:

¿Para qué valores de x *es cierto que tal cosa es menor (o mayor) que tal otra?*

Las respuestas a esta pregunta son las **soluciones** de la inecuación.

Las inecuaciones suelen tener infinitas soluciones (solo hay un número igual, pero hay infinitos números menores que otro).

Las soluciones, en nuestro caso, se obtienen así:

$x < \frac{141}{6} = 23{,}5$ $\leftrightarrow$ *Mi palmo puede tener cualquier longitud menor que 23,5 cm.*

Una **inecuación** es una desigualdad algebraica. Tiene dos miembros entre los cuales aparece uno de estos signos: $<$, $\leq$, $>$, $\geq$.

Por ejemplo, son inecuaciones las siguientes expresiones:

a) $2x + 4 > 0$ b) $-2x + 7 \leq \frac{x}{2} - 3$ c) $-x^2 + 4x > 2x - 3$

Se llama **solución** de una inecuación a cualquier valor de la incógnita que hace cierta la desigualdad. Resolver una inecuación es dar todas sus soluciones.

Por ejemplo, $x = 5$ es solución de la inecuación a), porque $2 \cdot 5 + 4 = 14$ es mayor que 0. Como puedes comprobar, $x = 5$ es solución de la inecuación b), pero no de la c).

Piensa y practica

1 Di dos soluciones enteras de cada una de las siguientes inecuaciones:

a) $3x < 50$ b) $2x + 5 \geq 25$

c) $7x + 4 < 19$ d) $x^2 + x < 50$

2 ¿Cuáles de los siguientes valores son soluciones de la inecuación $x^2 - 8x < 12$?

a) -5 b) 0 c) 1,1 d) 2

e) $\frac{5}{2}$ f) 3,2 g) 5,3 h) 10

3 Traduce al lenguaje algebraico.

a) El triple de un número más ocho unidades es menor que 20.

b) El número total de alumnos y alumnas de mi clase es menor que 35.

c) Si mi dinero aumentara al triple y, además, me tocaran 20 €, tendría, por lo menos, 110 €.

d) Todavía me quedan por pagar 20 mensualidades para acabar con la hipoteca. Es decir, al menos 6 000 €.

Resolución gráfica de una inecuación

Veamos cómo se resuelven gráficamente las tres inecuaciones, a), b) y c), de la página anterior.

a) $2x + 4 > 0$

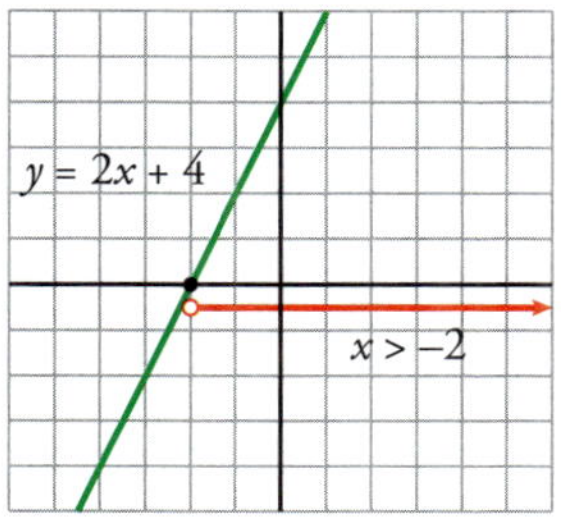

¿Para qué valores de x *es* $2x + 4$ *mayor que 0?* Es decir: *¿Para qué valores de la* x *la recta* $y = 2x + 4$ *queda por encima del eje X?*

Si observamos en el margen la representación gráfica de la recta, la respuesta es clara: para $x > -2$.

Es decir, cualquier número mayor que –2 es solución. El conjunto de soluciones es, por tanto, $(-2, +\infty)$.

b) $-2x + 7 \le \frac{x}{2} - 3$

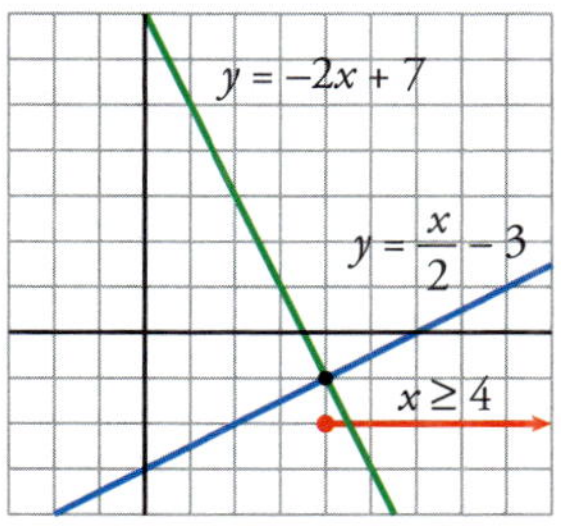

La recta $y = -2x + 7$ queda por debajo o coincide con la recta $y = \frac{x}{2} - 3$ para valores de x mayores que 4 y para el propio 4.

La solución de esta inecuación es todo número $x \ge 4$.

El conjunto de todas las soluciones es el intervalo $[4, +\infty)$.

c) $-x^2 + 4x > 2x - 3$

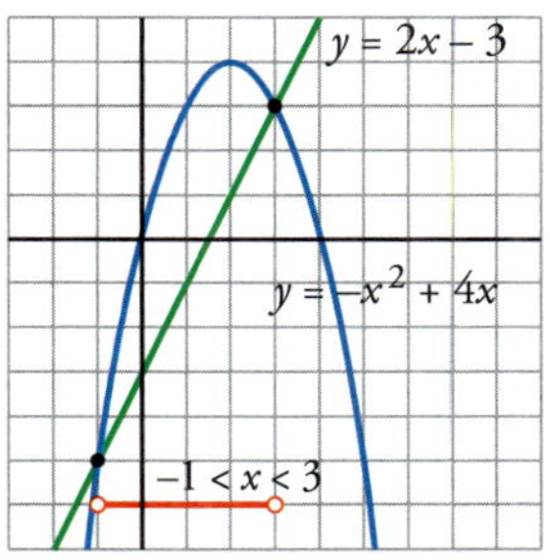

La parábola $y = -x^2 + 4x$ queda por encima de la recta $y = 2x - 3$ para valores de x comprendidos entre –1 y 3.

El conjunto de soluciones de esta inecuación es el intervalo $(-1, 3)$.

Para resolver gráficamente una inecuación con una sola incógnita, $f(x) \le g(x)$ o $f(x) \ge g(x)$:

1. Se representan las gráficas $y = f(x)$ e $y = g(x)$, marcando con toda claridad sus puntos de corte.
2. Se observa en qué intervalos se cumple la desigualdad deseada.

Piensa y practica

anayaeducacion.es GeoGebra. Resolución gráfica de una inecuación.

4 Resuelve gráficamente las siguientes inecuaciones:

a) $3x > 9$ b) $3x \ge 9$

c) $3x + 2 < 11$ d) $3x + 2 \ge 11$

e) $2x - 3 < 5$ f) $2x - 3 \le 5$

5 Observa el siguiente diálogo:

— *¿Cuántas veces has ido al fútbol?*

— *El triple de ellas más 2 no llega a 10.*

Expresa en lenguaje algebraico la respuesta, resuélvela y, después, da las soluciones teniendo en cuenta que han de ser números enteros no negativos.

6 Resuelve gráficamente las siguientes inecuaciones teniendo en cuenta la representación de la función $y = x^2 - 5x + 4$:

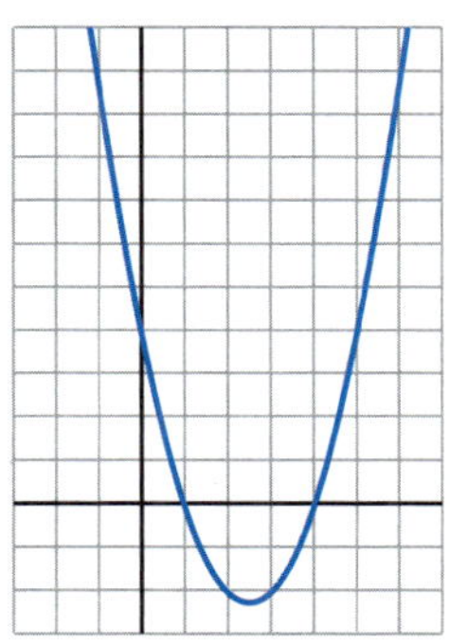

a) $x + 4 \le x^2 - 5x + 4$

b) $-x + 4 < x^2 - 5x + 4$

c) $x^2 - 5x + 4 < x - 1$

d) $x^2 - 5x + 4 \ge x + 1$

e) $x^2 - 5x + 4 < -6 + 2x$

f) $x^2 - 5x + 4 \le -2$

Resolución algebraica de una inecuación

Vamos a resolver algebraicamente las tres inecuaciones, a), b) y c), cuya resolución gráfica se ha hecho en la página anterior.

a) $\mathbf{2x + 4 > 0}$ $\xrightarrow{\text{RESTAMOS } 4}$ $2x > -4$ $\xrightarrow{\text{DIVIDIMOS POR } 2}$ $x > -2$

Soluciones: $x > -2$. Intervalo $(-2, +\infty)$.

Como ves, se han utilizado las mismas operaciones que se efectúan para resolver ecuaciones.

b) $\mathbf{-2x + 7 \le \frac{x}{2} - 3}$

Multiplicamos todo por 2 para quitar el denominador:

$-4x + 14 \le x - 6$ $\xrightarrow[\text{Y 14 AL SEGUNDO}]{\text{PASAMOS } x \text{ AL PRIMER MIEMBRO}}$ $-4x - x \le -6 - 14 \to$

$\to -5x \le -20$ $\xrightarrow[\text{EN LOS DOS MIEMBROS}]{\text{DIVIDIMOS POR } -5}$ $x \ge \frac{-20}{-5} = 4$. Intervalo $[4, +\infty)$.

¡MUY IMPORTANTE! Al **multiplicar** o **dividir** los dos miembros de una desigualdad **por un número negativo, la desigualdad cambia de signo.**

> Para resolver una inecuación de primer grado, se procede como si fuera una ecuación con la siguiente salvedad: si multiplicamos o dividimos por un número negativo, la desigualdad cambia de signo.

c) $\mathbf{-x^2 + 4x > 2x - 3}$ $\to -x^2 + 2x + 3 > 0 \to x^2 - 2x - 3 < 0$

Obtenemos las raíces de la expresión de 2.º grado: $x_1 = -1$, $x_2 = 3$.

Con ellas, definimos tres tramos: $(-\infty, -1)$, $(-1, 3)$ y $(3, +\infty)$

Estudiando el signo de $x^2 - 2x - 3$ en algún valor de cada tramo, vemos si se cumple o no la desigualdad en él.

$(-2)^2 - 2(-2) - 3 = 5 \to$ No

$0^2 - 2 \cdot 0 - 3 = -3 \to$ Sí

$4^2 - 2 \cdot 4 - 3 = 5 \to$ No

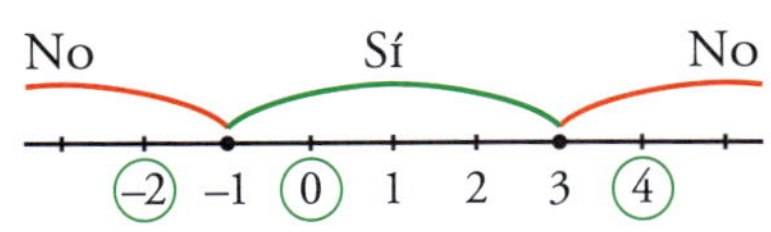

Concluimos que las soluciones forman el intervalo $(-1, 3)$.

Resolución de inecuaciones con la calculadora

Muchas calculadoras nos ayudan a resolver inecuaciones polinómicas de hasta 4.º grado. Para acceder a ellas, pulsamos (MENÚ), seleccionamos **B:Inecuación** y elegimos el grado. Aparece, entonces, una pantalla donde se debe elegir el tipo de inecuación. Para ello, hay que tener en cuenta que la inecuación debe estar «ordenada», es decir, con uno de sus miembros igualado a cero.

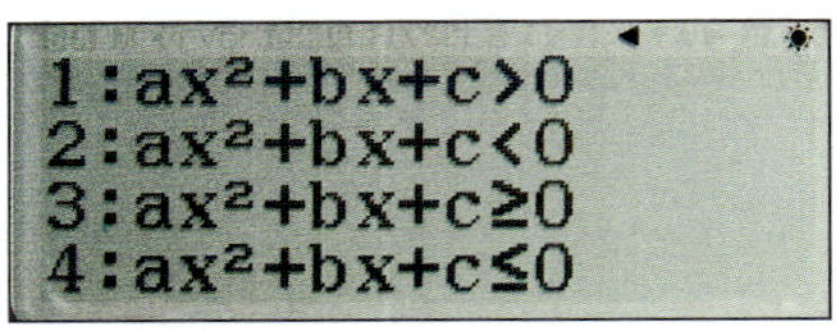

Por ejemplo, resolvemos la del apartado c) con calculadora.

$x^2 - 2x - 3 < 0$

1 (=) (–) 2 (=) (–) 3 (=)

Al volver a pulsar (=), obtenemos $-1 < x < 3$.

Piensa y practica

anayaeducacion.es Refuerza tus conocimientos sobre resolución de inecuaciones.

7 Resuelve algebraicamente las siguientes inecuaciones. Observa que son *muy parecidas* a las que se han resuelto arriba:

a) $2x + 4 \ge 0$ b) $2x + 4 < 0$

c) $-2x + 7 > \frac{x}{2} - 3$ d) $-2x + 7 \ge \frac{x}{2} - 3$

e) $-x^2 + 4x \ge 2x - 3$ f) $-x^2 + 4x < 2x - 3$

8 Resuelve algebraicamente.

a) $3x - 5 \ge 13$ b) $5x + 1 < x + 9$

c) $3 - 2x > x + 5$ d) $7 - 11x + 2 \le 23 + 4x$

e) $x^2 - 3x + 2 \le 4x - 8$

9 Resuelve las inecuaciones a), c) y d) del ejercicio 3 de la página 74 e interpreta la solución.

Sistemas de inecuaciones

Volvamos a leer el enunciado con el que comenzábamos este epígrafe (página 74).

La longitud de una mesa es de 141 cm. La mido mediante palmos y con 6 me quedo corto. ¿Qué puedo decir de la longitud de mi palmo?

Llamando x a *la longitud de mi palmo*, el enunciado anterior se expresó algebraicamente así: $6x < 141$. Su solución es $x < 23{,}5$.

Pero si prestamos más atención, observamos que, aunque no se diga explícitamente, se supone que con 7 palmos se supera la longitud de la mesa.

Es decir, $7x > 141$. La solución de esta inecuación es $x > 20{,}1$.

De la longitud, x, de un palmo podemos decir lo siguiente:

$$\begin{cases} 6x < 141 \\ 7x > 141 \end{cases} \text{ cuya solución es } \begin{cases} x < 23{,}5 \\ x > 20{,}1 \end{cases}.$$

Es decir, $x \in (20{,}1; 23{,}5)$.

Conclusión: mi palmo tiene una longitud comprendida entre 20,1 cm y 23,5 cm.

> Las **soluciones** de un sistema de inecuaciones son las soluciones comunes a todas las inecuaciones que forman el sistema.

anayaeducacion.es
Ampliación teórica: Inecuaciones con dos incógnitas. Sistemas de inecuaciones con dos incógnitas.

Ejercicio resuelto

Resolver el sistema de inecuaciones siguiente:

$$\begin{cases} 2x + 4 > 0 \\ -2x + 7 \geq \dfrac{x}{2} - 3 \end{cases}$$

1.ª inecuación: $2x + 4 > 0 \rightarrow 2x > -4 \rightarrow x > -2$. *Solución:* $(-2, +\infty)$

2.ª inecuación: $-2x + 7 \geq \dfrac{x}{2} - 3 \rightarrow -4x + 14 \geq x - 6 \rightarrow -5x \geq -20 \rightarrow$

$\rightarrow x \leq \dfrac{-20}{-5} = 4$. *Solución:* $(-\infty, 4]$

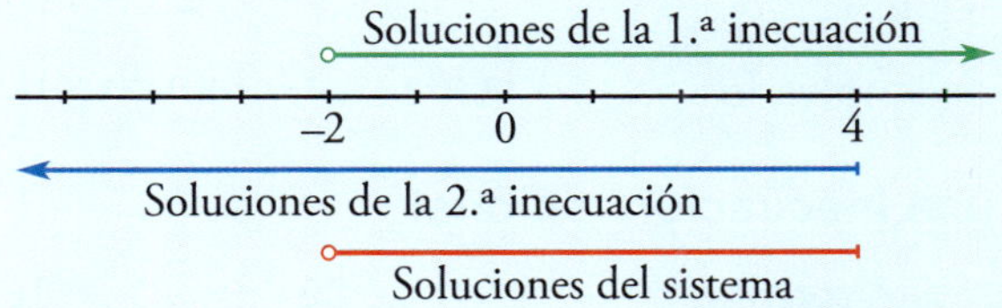

Solución: $(-2, +\infty) \cap (-\infty, 4] = (-2, 4]$

anayaeducacion.es
Refuerza tus conocimientos sobre resolución de sistemas de inecuaciones.

Piensa y practica

anayaeducacion.es GeoGebra. Resolución de sistemas de inecuaciones.

10 Resuelve los siguientes sistemas de inecuaciones:

a) $\begin{cases} x + 3 < 7 \\ x - 1 \geq 0 \end{cases}$ b) $\begin{cases} 2x - 3 < 3x + 5 \\ 7x - 1 \geq 13 + 4x \end{cases}$ c) $\begin{cases} 2x - 3 < 3x + 5 \\ 7x + 1 \geq 13 + 4x \end{cases}$

d) $\begin{cases} x^2 - 7x + 6 \leq 0 \\ 3x + 2 > 17 \end{cases}$ e) $\begin{cases} x^2 - 7x + 6 \leq 0 \\ 2x + 5 < 7 \end{cases}$ f) $\begin{cases} x^2 - 7x + 6 \leq 0 \\ 2x + 5 \leq 7 \end{cases}$

1 Plantear y resolver una ecuación

Si la altura de un rectángulo aumenta un x % y la base aumenta un $2x$ %, su área aumenta un 32 %. Hallar el valor de x.

Si la base, b, aumenta un x %, se multiplicará por $\left(1+\frac{x}{100}\right)$.

Si la altura, a, aumenta un $2x$ %, se multiplicará por $\left(1+\frac{2x}{100}\right)$.

Si el área, $b \cdot a$, aumenta un 32 %, se multiplicará por $\left(1+\frac{32}{100}\right)$.

Por tanto: $b\left(1+\frac{x}{100}\right) \cdot a\left(1+\frac{2x}{100}\right) = b \cdot a\left(1+\frac{32}{100}\right)$

Dividimos por $b \cdot a$ los dos miembros de la ecuación y obtenemos:

$$\left(1+\frac{x}{100}\right)\left(1+\frac{2x}{100}\right) = \left(1+\frac{32}{100}\right) \rightarrow (100+x)(100+2x) = 13\,200$$

$$10\,000 + 300x + 2x^2 = 13\,200 \rightarrow x^2 + 150x - 1\,600 = 0 \begin{cases} x = 10 \\ x = -160 \text{ No vale.} \end{cases}$$

La solución buscada es $x = 10$.

Hazlo tú La base de un rectángulo mide 10 cm más que su altura. Si la base aumenta un 20 % y la altura un 30 %, el perímetro aumenta un 24 %. Halla las dimensiones del rectángulo.

2 Plantear y resolver un sistema

Un transportista va a una ciudad que está a 300 km de distancia. Al volver, su velocidad media ha sido superior en 10 km/h a la velocidad de ida, y ha tardado una hora menos. Calcular las velocidades y los tiempos empleados a la ida y a la vuelta.

A la ida, la velocidad es v y el tiempo es t.

A la vuelta, la velocidad es $v + 10$ y el tiempo es $t - 1$.

La distancia recorrida es la misma en ambos casos, por tanto:

$$\left.\begin{array}{l} vt = 300 \\ (v+10)(t-1) = 300 \end{array}\right\}$$

Desarrollamos la 2.ª ecuación y simplificamos sustituyendo vt por 300:

$$vt + 10t - v - 10 = 300 \rightarrow 10t - v - 10 = 300 - vt \rightarrow 10t - v - 10 = 0$$

$$\left.\begin{array}{l} vt = 300 \\ 10t - v = 10 \end{array}\right\} v = 10t - 10 \rightarrow (10t - 10)\,t = 300 \rightarrow 10t^2 - 10t - 300 = 0 \rightarrow$$

$$\rightarrow t^2 - t - 30 = 0 \rightarrow t = \frac{1 \pm \sqrt{1+120}}{2} = \frac{1 \pm 11}{2} \begin{cases} t = 6 \rightarrow v = 300 : 6 = 50 \\ t = -5 \text{ No vale.} \end{cases}$$

A la ida va a 50 km/h y tarda 6 horas. A la vuelta va a 60 km/h y tarda 5 horas.

Hazlo tú En otro viaje de 450 km, la velocidad de ida fue inferior en 15 km/h a la de vuelta y tardó una hora más. Halla las velocidades y los tiempos empleados.

3 Resolución de una inecuación racional

Resolver la siguiente inecuación:

$$\frac{2x+3}{x-2} \geq 1$$

$$\frac{2x+3}{x-2} \geq 1 \rightarrow \frac{2x+3}{x-2} - 1 \geq 0 \rightarrow \frac{2x+3-x+2}{x-2} \geq 0 \rightarrow \frac{x+5}{x-2} \geq 0$$

Analizamos el signo del numerador y del denominador. El numerador cambia de signo en $x = -5$, y el denominador, en $x = 2$. Las soluciones son los valores de x que hacen que ambos tengan el mismo signo.

	$(-\infty, -5)$	$(-5, 2)$	$(2, +\infty)$
$x + 5$	–	+	+
$x - 2$	–	–	+
$\frac{x+5}{x-2}$	+	–	+

Además, por estar $x - 2$ en el denominador, $x = 2$ no forma parte de la solución, pero $x = -5$ sí. Por tanto, la solución es $(-\infty, -5] \cup (2, +\infty)$.

Hazlo tú Resuelve esta inecuación:

$$\frac{x-4}{x-2} \geq 1$$

Recuerda seleccionar el material de trabajo de esta unidad para tu **portfolio.**

EJERCICIOS Y PROBLEMAS

Practica

Ecuaciones

1 Resuelve las siguientes ecuaciones. Las que sean de 2.º grado incompletas, resuélvelas sin aplicar la fórmula general:

a) $\frac{(x-1)(x+2)}{12} - \frac{x-3}{3} = 1 + \frac{(x+1)(x-2)}{6}$

b) $(x+1)^2 - (x-2)^2 = (x+3)^2 + x^2 - 20$

c) $\frac{x(x-2)}{4} - \frac{x+1}{6} = \frac{x-3}{2} - \frac{x-4}{3}$

2 Resuelve las siguientes ecuaciones:

a) $\frac{(x-3)^2}{4} - \frac{(2x-1)^2}{16} = \frac{35}{16}$

b) $\frac{(x+1)^2}{16} - \frac{1+x}{2} = \frac{(x-1)^2}{16} - \frac{2+x}{4}$

c) $(x+1)^2 = \frac{x}{2}(5x+6) - (2x^2+1)$

d) $2\left(x+\frac{1}{2}\right)^2 + \frac{25x}{2} = \left(\frac{1}{2} - x\right)(7x+1) - 4$

3 Resuelve.

a) $x^4 - 4x^2 + 3 = 0$ b) $x^4 - 16 = 0$

c) $x^4 - 25x^2 = 0$ d) $x^4 - 18x^2 + 81 = 0$

e) $(2x^2+1)^2 - 5 = (x^2+2)(x^2-2)$

4 Resuelve.

a) $\frac{x+2}{x} + 3x = \frac{5x+6}{2}$ b) $\frac{x-4}{x} - \frac{x-1}{4x} = -3x$

c) $\frac{x-3}{x} + \frac{x+3}{x^2} = \frac{2}{3}$ d) $x - \frac{x-1}{x+1} = \frac{3x-1}{2}$

5 Resuelve las siguientes ecuaciones:

a) $\frac{x+1}{x-1} - 3 = \frac{2-x}{x}$ b) $\frac{3x+1}{4x+3} - \frac{1}{x} = 3$

c) $\frac{3x+4}{x+3} - \frac{1}{2} = \frac{x+19}{4x+6}$ d) $\frac{1}{x+3} - \frac{2}{x} = \frac{2-5x}{x^2+3x}$

e) $\frac{3x}{x^2-9} = 1 + \frac{x}{2(x-3)}$ f) $\frac{3x^2-2}{2x^2-x} = \frac{x+2}{x}$

6 Resuelve.

a) $x + \sqrt{25-x^2} = 2x+1$ b) $3x + \sqrt{6x+10} = 35$

c) $x + 1 - \sqrt{5x+1} = 0$ d) $\sqrt{4x^2+7x-2} = x+2$

7 Dos de las siguientes ecuaciones no tienen solución. Averigua cuáles son y resuelve las otras:

a) $x - 17 = \sqrt{169-x^2}$ b) $\sqrt{x^2+3} - \sqrt{3-x} = 0$

c) $\sqrt{5x-7} - \sqrt{1-x} = 0$ d) $2\sqrt{5-4x} + 4x = 5$

8 Resuelve.

a) $x + \sqrt{7-3x} = -1$ b) $\sqrt{x} + \sqrt{3x-2} = 2$

c) $\sqrt{2x} + \sqrt{5x-6} = 4$ d) $\sqrt{5x+1} - \sqrt{x+1} = 2$

9 Resuelve las siguientes ecuaciones exponenciales:

a) $2^{x+1} = \sqrt{8}$ b) $\sqrt{3^x} = 17$

c) $10^{1-x^2} = 0{,}001$ d) $81\left(\frac{1}{3}\right)^x = 3^{x+2}$

10 Resuelve.

a) $3 \cdot 5^x + 5^{x+1} = 200$

b) $7 \cdot 2^{x-1} - 5 \cdot 2^x = -\frac{3}{4}$

c) $2 \cdot 3^{x+1} + 3^{x-1} - 5 \cdot 3^x = 108$

d) $2^{x-1} + 2^{x-2} + 2^{x-3} = 224$

11 Resuelve aplicando la definición de logaritmo.

a) $log_5\,(2x-3) = 1$ b) $log_4\left(\frac{x+1}{2}\right) = -2$

c) $log_2\,(\sqrt{x} - 1) = 3$ d) $log\,(2^x - 15) = 0$

12 Aplica las propiedades de los logaritmos para resolver las siguientes ecuaciones:

a) $log_3 x^2 - log_3 4 = 4$ b) $log_2 x - log_2 3 = 2$

c) $log_2 (x-3) + log_2 x = 2$ d) $log\,(x-9) - log\,x = 1$

13 Descompón en factores y resuelve.

a) $x^3 - 4x = 0$ b) $x^3 + x^2 - 6x = 0$

c) $x^3 + 2x^2 - x - 2 = 0$ d) $x^3 - x^2 - 5x - 3 = 0$

14 Resuelve las siguientes ecuaciones:

a) $(x-2)(x^2-2x-3) = 0$ b) $x(x^2+3x+2) = 0$

c) $(x^2-3x)(2^{x+1}-1) = 0$ d) $(x+5)\,log_2\,(x-3) = 0$

e) $(x^4-5x^2+4)(5^x-10) = 0$ f) $(x^2+5)(\sqrt{x}-3) = 0$

15 Despeja la incógnita y resuelve.

a) $x^3 - 64 = 0$ b) $\frac{625}{x} - x^3 = 0$

c) $\frac{3x}{4} + \frac{16}{9x^2} = 0$ d) $\frac{x}{8} - \frac{2}{81x^3} = 0$

Sistemas de ecuaciones

16 Resuelve los siguientes sistemas aplicando dos veces el método de reducción:

a) $\begin{cases} 13x - 12y = 127 \\ 21x + 17y = 96 \end{cases}$ b) $\begin{cases} 8{,}6x + 5{,}4y = 11 \\ 25x - 12y = -245 \end{cases}$

17 Resuelve los siguientes sistemas de ecuaciones:

a) $\begin{cases} \dfrac{x+2}{5} - \dfrac{3y-1}{10} = \dfrac{-3}{10} \\ \dfrac{2x+3}{8} + \dfrac{y+7}{4} = \dfrac{19}{8} \end{cases}$ b) $\begin{cases} \dfrac{x+1}{8} + \dfrac{y}{4} = \dfrac{5}{8} \\ \dfrac{3x-1}{12} + \dfrac{y}{2} = \dfrac{1}{6} \end{cases}$

18 Resuelve.

a) $\begin{cases} x - y + 3 = 0 \\ x^2 + y^2 = 5 \end{cases}$ b) $\begin{cases} x + y = 1 \\ xy + 2y = 2 \end{cases}$

c) $\begin{cases} 2x + y = 3 \\ xy - y^2 = 0 \end{cases}$ d) $\begin{cases} 3x + 2y = 0 \\ x(x - y) = 2y^2 - 8 \end{cases}$

19 Resuelve los siguientes sistemas de ecuaciones:

a) $\begin{cases} x^2 + y^2 = 41 \\ x^2 - y^2 = 9 \end{cases}$ b) $\begin{cases} 3x^2 + 2y^2 = 35 \\ x^2 - 2y^2 = 1 \end{cases}$

c) $\begin{cases} x^2 + y^2 + x + y = 32 \\ x^2 - y^2 + x - y = 28 \end{cases}$ d) $\begin{cases} x^2 + 2y^2 + x + 1 = 0 \\ x^2 - 2y^2 + 3x + 1 = 0 \end{cases}$

20 Resuelve y comprueba las soluciones.

a) $\begin{cases} x + y = 2 \\ \dfrac{1}{x} + \dfrac{1}{y} = -\dfrac{2}{3} \end{cases}$ b) $\begin{cases} \dfrac{1}{x} + \dfrac{1}{y} = \dfrac{1}{20} \\ x + 2y = 3 \end{cases}$

c) $\begin{cases} y^2 - 2y + 1 = x \\ \sqrt{x} + y = 5 \end{cases}$ d) $\begin{cases} 2\sqrt{x+1} = y + 1 \\ 2x - 3y = 1 \end{cases}$

21 Resuelve.

a) $\begin{cases} xy = 15 \\ x^2 + y^2 = 34 \end{cases}$ b) $\begin{cases} xy = 12 \\ x^2 - 5y^2 = 16 \end{cases}$

c) $\begin{cases} xy = 4 \\ (x + y)^2 = 25 \end{cases}$ d) $\begin{cases} x^2 + y^2 = \dfrac{82}{9} \\ xy = -1 \end{cases}$

22 Resuelve.

a) $\begin{cases} x - y = 1 \\ 2^x - 2^y = 4 \end{cases}$ b) $\begin{cases} \log x + \log y = 1 \\ x - y = 9 \end{cases}$

c) $\begin{cases} 2^{x+1} - y = 0 \\ 2^x + y = 12 \end{cases}$ d) $\begin{cases} \log x - \log y = 1 \\ x + y = 22 \end{cases}$

Inecuaciones y sistemas de inecuaciones

23 Resuelve.

a) $\dfrac{7-3x}{2} < x + 1$ b) $\dfrac{x+4}{3} + 3 \geq \dfrac{x+10}{6}$

c) $2x - 2(3x - 5) < x$ d) $x - 1 - \dfrac{x-1}{2} < 0$

24 Resuelve las siguientes inecuaciones:

a) $x^2 + 2x - 3 > 0$ b) $x^2 - 3x - 10 \leq 0$

c) $x^2 - 4x - 5 < 0$ d) $2x^2 + 9x - 5 \geq 0$

25 Resuelve.

a) $-x^2 + 3x - 2 \geq 0$ b) $-x^2 + 2x + 3 \leq 0$

c) $x^2 - 2x - 7 > 5 - x$ d) $x^2 < \dfrac{x+7}{6}$

26 Algunas inecuaciones no tienen solución y otras tienen por solución cualquier número. Busca entre las siguientes las que son de estos tipos:

a) $x^2 + 4 > 3$ b) $x^2 + x + 2 < 0$

c) $x^2 + 7 < 5x$ d) $x^2 + 4x + 4 > 0$

27 Resuelve las inecuaciones siguientes:

a) $3x(x + 4) - x(x - 1) < 15$

b) $2x(x + 3) - 2(3x + 5) + x > 0$

c) $\dfrac{x^2-9}{5} - \dfrac{x^2-4}{15} < \dfrac{1-2x}{3}$

28 Resuelve estos sistemas de inecuaciones:

a) $\begin{cases} 2 - x > 0 \\ 2 + x > 0 \end{cases}$ b) $\begin{cases} 5x - 3 \leq x + 1 \\ 2x + 6 \geq x + 2 \end{cases}$

c) $\begin{cases} \dfrac{2x+5}{3} < x - 1 \\ \dfrac{x}{3} - 1 < \dfrac{2x-1}{5} \end{cases}$ d) $\begin{cases} \dfrac{x+13}{6} < \dfrac{39-2x}{18} \\ \dfrac{3x-5}{4} < -1 \end{cases}$

29 Resuelve los siguientes sistemas de inecuaciones:

a) $\begin{cases} \dfrac{x+2}{4} < \dfrac{x}{2} - 3 \\ \dfrac{8-x}{3} < \dfrac{1+x}{2} - 1 \end{cases}$ b) $\begin{cases} \dfrac{x-1}{2} + \dfrac{2x+2}{3} > \dfrac{3x-7}{6} \\ \dfrac{2x-1}{4} + 2x < \dfrac{2x-9}{4} \end{cases}$

30 Comprueba que estos dos sistemas de inecuaciones no tienen solución:

a) $\begin{cases} 8x + 7 < 16 - x \\ -3x + 5 < 2x \end{cases}$ b) $\begin{cases} 3x + 5 < 2x - 3 \\ \dfrac{x+3}{7} < x - 3 \end{cases}$

Resuelve problemas

31 Traduce a lenguaje algebraico y resuelve:

a) La mitad de un número menos 10 es menor que 7.

b) Si a los tres cuartos de un número le resto 2, obtengo más que si a su mitad le sumo 5.

c) La suma de dos números consecutivos no supera a 8.

d) El perímetro de un rectángulo cuya base mide 3 cm más que la altura es menor que 50 m.

32 Resuelve estos sistemas de ecuaciones:

a) $\begin{cases} x - y = 0 \\ x - 2z = 6 \\ y + z = 3 \end{cases}$ b) $\begin{cases} x - z = 4 \\ 2x + y = 7 \\ x + y = 2z \end{cases}$

33 Ejercicio resuelto

Resolver la ecuación $x^6 + 7x^3 - 8 = 0$

La ecuación solo tiene términos de grados 6, 3 y 0. Podemos realizar el cambio de variable $t = x^3$, de forma similar a como hacíamos con las bicuadradas.

$$t^2 + 7t - 8 = 0 \rightarrow t = \frac{-7 \pm 9}{2} \begin{cases} t = 1 \\ t = -8 \end{cases}$$

Deshacemos el cambio de variable:

$t = 1 \rightarrow x^3 = 1 \rightarrow x = \sqrt[3]{1} \rightarrow x = 1$

$t = -8 \rightarrow x^3 = -8 \rightarrow x = \sqrt[3]{-8} \rightarrow x = -2$

Soluciones: $x_1 = 1,\ x_2 = -2$

34 Resuelve las siguientes ecuaciones:

a) $x^6 - 2x^3 + 1 = 0$ b) $x^6 + 19x^3 - 216 = 0$

c) $x^8 - 2x^4 + 1 = 0$ d) $x^{12} + x^6 - 2 = 0$

35 Sabiendo que $x = 2$ es solución de la ecuación $ax^2 - 5x - 6 = 0$, halla la otra solución.

36 Resuelve las siguientes ecuaciones:

a) $4^{x+1} + 2^{x+3} = 320$ b) $4^x - 8 = 2^{x+1}$

c) $2^{3-x} = 5 - 2^{x-1}$ d) $3 \cdot 4^x + 9 \cdot 2^x - 30 = 0$

e) $9^{x+1} = 243 + 234 \cdot 3^x$

37 Resuelve y comprueba las soluciones.

a) $\log(x-2) + \log(x-3) = 1 - \log 5$

b) $\frac{1}{2}\log(3x+5) + \frac{1}{2}\log x = 1$

c) $2\log x - 3\log 2 = \log(x+6)$

38 Ejercicio resuelto

Resolver la ecuación $2\log_x 8 - \log_x 4 = 2$.

$$\log_x 8^2 - \log_x 4 = 2 \rightarrow \log_x \frac{8^2}{4} = 2 \rightarrow \log_x 16 = 2 \rightarrow$$
$$\rightarrow x^2 = 16 \rightarrow x = \pm 4$$

Descartamos la solución $x = -4$ porque la base del logaritmo no puede ser negativa. Por tanto, $x = 4$.

39 Resuelve.

a) $\log_x(3-x) + \log_x 4 = 2$ b) $\log_x 25 + \log_x 5 = 3$

c) $3\log_x 2 + \log_x 18 = 2$ d) $\log_x 54 + \log_x 4 = 3$

40 Resuelve la ecuación $5^x - 5^{x-2} = 120\sqrt{5}$.

41 Ejercicio resuelto

Resolver este sistema: $\begin{cases} (x-2)(y-1) = 0 \\ (x+3)(y-5) = 0 \end{cases}$

$$(x-2)(y-1) = 0 \begin{cases} x = 2 (*) \rightarrow 5 \cdot (y-5) = 0 \rightarrow y = 5 \\ y = 1 (*) \rightarrow (x+3) \cdot (-4) = 0 \rightarrow \\ \quad \rightarrow x = -3 \end{cases}$$

(*) Sustituimos el valor en la otra ecuación.

Soluciones: $x_1 = 2,\ y_1 = 5;\ x_2 = -3,\ y_2 = 1$

42 Resuelve estos sistemas:

a) $\begin{cases} (x-3)\left(y - \frac{1}{2}\right) = 0 \\ (x-1)(y+2) = 0 \end{cases}$ b) $\begin{cases} x(x+2) = 0 \\ x^2 + y = 4 \end{cases}$

43 Resuelve las inecuaciones siguientes:

a) $\frac{3x-3}{2x+1} \geq 1$ b) $\frac{2-x}{3x-4} < 1$ c) $\frac{x^2+x-6}{3-2x} \geq 0$

44 Un número entero por otro, dos unidades mayor, es menor que 8. ¿Cuál puede ser ese número?

45 Si al cuadrado de un número le restamos su triple, obtenemos más de 4. ¿Qué podemos decir de ese número?

46 Tres amigos cobran 756 € por cierto trabajo. El primero ha dedicado al trabajo 12 horas, y el tercero, que ha dedicado el doble de horas que el segundo, ha cobrado 360 €. ¿Cuántas horas y cuánto dinero corresponden a cada uno?

47 El área total de un cilindro es 112π cm^2, y entre el radio y la altura suman 14 cm. Halla su volumen.

48 La nota media de un examen de Matemáticas de la clase de 4.º C fue 5,4, y la de 4.º B, 6,4. ¿Cuántos estudiantes hay en cada grupo si en total son 50 y con una nota media de 5,88?

49 El perímetro de un triángulo rectángulo es 36 cm y uno de sus catetos mide 3 cm menos que el otro. Halla los lados del triángulo.

50 Una persona tarda 3 horas más que otra en hacer el mismo trabajo. Si lo hacen entre las dos, tardan 2 horas. ¿Cuánto tarda cada una por separado?

51 Una anticuaria vendió dos relojes de bolsillo por 210 €. Con uno obtuvo una ganancia del 10 % y con el otro perdió el 10 %. En total obtuvo una ganancia del 5 % sobre el precio de compra. ¿Cuál fue el precio de compra de cada uno de los relojes?

52 Yago ha comprado libros, todos del mismo precio, y ha pagado 90 €. Pero por ser buen cliente, Sara, la librera, le regaló 3 más, y así cada libro le cuesta 5 € menos. ¿Cuántos libros se llevó y cuál es el precio que pagó por cada uno?

53 Calcula el tiempo que tiene que pasar para que un capital de 10 000 € depositado en un banco aumente un 50 % en los siguientes casos:

a) Al 4 % anual con capitalización anual.

b) Al 3,6 % anual con capitalización mensual.

54 Un grupo de amigas toman un refresco cada una y deben pagar 9 € por el total de las consumiciones. Como hay dos que solo pueden poner 1 €, las demás deben aumentar su aportación en 0,25 € cada una. ¿Cuántas amigas son?

55 Para llenar un depósito de 36 m^3, abrimos un grifo, A, durante 2 horas y otro grifo, B, durante 10 horas. Si solo queremos llenar 28 m^3 con esos mismos grifos, abrimos 3 horas el A y 5 horas el B. ¿Cuántos litros por hora echa cada uno de los grifos?

56 El lado de un rombo mide 5 cm, y su área, 24 cm^2. Calcula la longitud de sus diagonales.

57 La suma de las dos cifras de un número es 8. Si al número se le añaden 18 unidades, el número resultante está formado por las mismas cifras en orden inverso. ¿Cuál es ese número?

58 En una granja hay ovejas y gallinas. El número de patas que hay en total es 20 más el doble del número de cabezas. ¿Cuántas ovejas hay?

59 Tenemos una parcela rectangular. Si su base disminuye en 80 m y su altura aumenta en 40 m, se convierte en un cuadrado. Si disminuye en 60 m su base y su altura aumenta en 20 m, entonces su área disminuye en 400 m^2. ¿Cuáles son sus dimensiones?

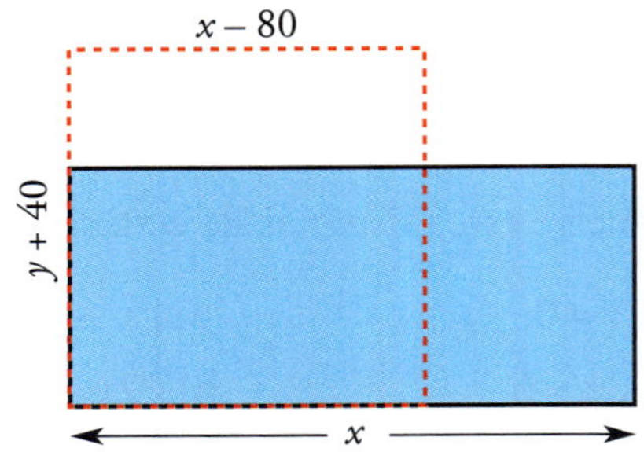

60 La hipotenusa de un triángulo rectángulo mide 10 m, y su área, 24 m^2. ¿Cuánto miden sus catetos?

61 Las dos cifras de un número se diferencian en una unidad. Si dividimos dicho número entre el que resulta de invertir el orden de sus cifras, el cociente es 1,2. ¿Cuál es el número?

62 Halla el radio y la generatriz de un cono de 15 cm de altura y cuya área lateral es de 136π cm^2.

63 En un examen de 40 preguntas te dan dos puntos por cada acierto y te restan 0,5 puntos por cada fallo. ¿A cuántas preguntas hay que contestar bien para obtener como mínimo 40 puntos, si es obligatorio responder a todas?

64 ¿Cuántos kilos de pintura de 3,50 €/kg debemos mezclar con 6 kg de otra de 5 €/kg para que el precio de la mezcla sea inferior a 4 €/kg?

65 Una caja contiene bolas blancas y negras. Si se añade una bola blanca, estas representan entonces el 25 % del contenido de la caja. Si se quita una bola blanca, las bolas blancas que quedan representan el 20 % del contenido de la caja. ¿Cuántas bolas de cada color hay en la caja?

66 De dos fracciones sabemos que tienen el mismo numerador, sus denominadores son números consecutivos y la suma de ambas es igual a 27/20. Sabemos también que la suma del numerador y del denominador de la menor de las dos fracciones es igual a 8. ¿Cuáles son esas fracciones?

Resuelve: un poco más difícil

67 ¿Qué valores puede tomar a para que la ecuación $x^2 + 2ax + 7a - 10 = 0$ tenga una sola raíz real?

68 Sabiendo que $x^2 = 8x + y$ e $y^2 = 8y + x$ con $x \neq y$, halla el valor de $x^2 + y^2$.

69 Resuelve: $(x^2 - x)^2 = 18(x^2 - x) - 72$

70 Un deportista está en A, en el mar, a 120 m de la playa BD, que mide 1 510 m.

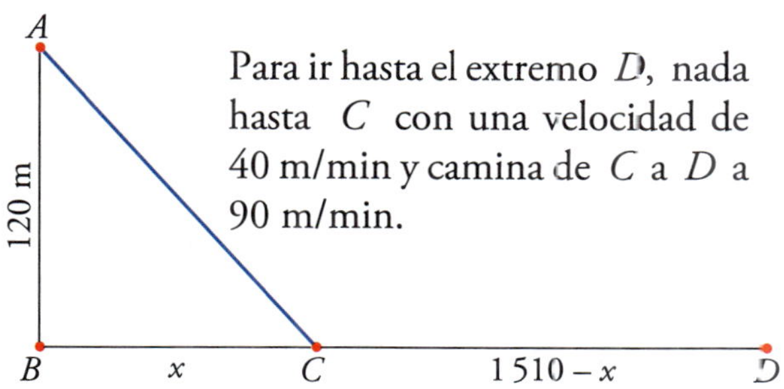

Para ir hasta el extremo D, nada hasta C con una velocidad de 40 m/min y camina de C a D a 90 m/min.

Calcula las distancias que recorrió nadando y andando, si en total empleó 20 minutos.

71 Subo una colina a 4 km/h y pretendo que la velocidad media entre el ascenso y el descenso sea de 6 km/h. ¿A qué velocidad he de bajar?

72 ¿Es posible plantar 275 árboles en una parcela rectangular de 72 m × 30 m, de modo que formen una cuadrícula regular como indica la figura?

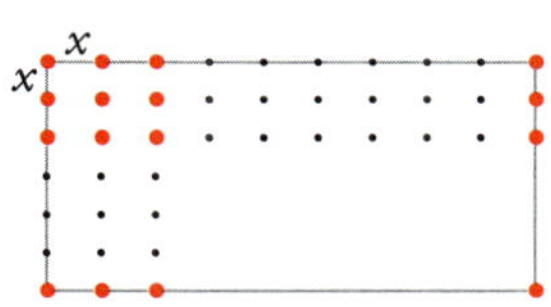

En caso afirmativo, averigua cuál debe ser la distancia entre dos árboles de una fila.

73 Las áreas de las caras de un ortoedro son 35 cm², 60 cm² y 84 cm². ¿Cuál será su volumen? Calcula la longitud de sus aristas.

Reflexiona sobre la teoría

74 ¿Verdadero o falso? Justifica y pon ejemplos.

a) Si $b^2 - 4ac = 0$, la ecuación $ax^2 + bx + c = 0$ no tiene solución.

b) Si $k < 1$, la ecuación $9x^2 - 6x + k = 0$ tiene dos soluciones.

c) $(x^2 + 5)(2^x - 5) = 0$ tiene dos soluciones.

d) $(x - 1)^2 + (x + 1)^2 - 2(x^2 + 1) = 0$ tiene infinitas soluciones.

e) Hay sistemas de inecuaciones sin solución.

f) Una inecuación tiene siempre infinitas soluciones.

75 ¿Cuántas soluciones puede tener una ecuación bicuadrada? Comprueba tu respuesta resolviendo las siguientes ecuaciones:

a) $x^4 - 10x^2 + 9 = 0$ b) $x^4 - 4x^2 = 0$

c) $x^4 - 16 = 0$ d) $x^4 + x^2 = 0$

e) $x^4 + 3x^2 + 2 = 0$ f) $x^4 - 4x^2 + 4 = 0$

76 Observa la representación gráfica de las rectas $y = 2 - \frac{x}{2}$ e $y = 2x - 3$:

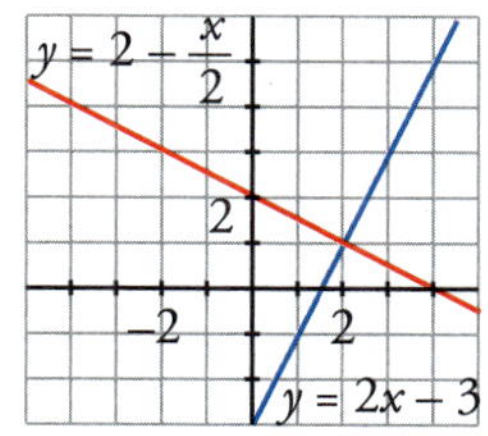

Contesta sin hacer operaciones: ¿para qué valores de x es $2x - 3 \geq 2 - \frac{x}{2}$?

77 Observa la representación de la recta $y = -x - 1$ y la de la parábola $y = x^2 - 2x - 3$.

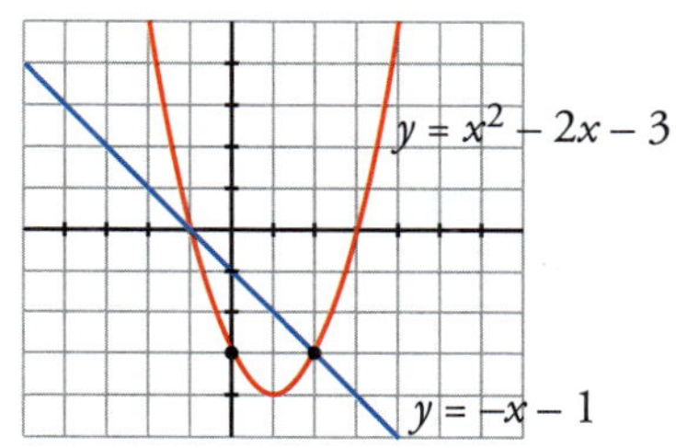

Responde sin hacer operaciones: ¿Para qué valores de x es $x^2 - 2x - 3 < -x - 1$?

78 Resuelve sin realizar operaciones.

$$\begin{cases} x^2 - 4x + 3 \leq x - 1 \\ -x^2 + 4x > 8 - 2x \end{cases}$$

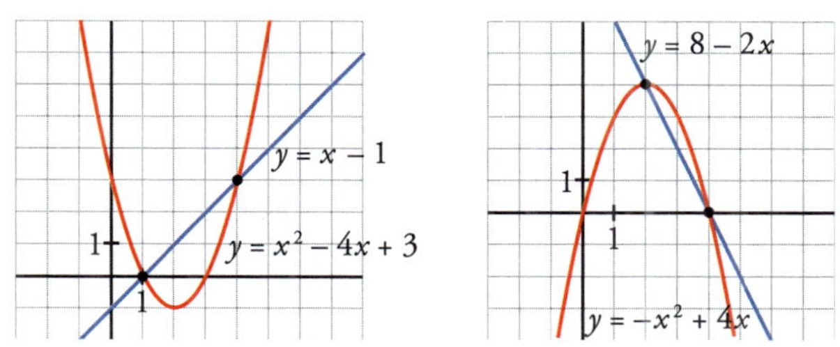

79 Escribe, en cada caso, una ecuación de segundo grado cuyas soluciones sean:

a) 2 y –3 b) 4 y 5 c) –2 y –8 d) 2 y $\frac{1}{3}$

Observa las ecuaciones que has escrito y relaciona los coeficientes a, b y c de la ecuación con la suma y el producto de sus soluciones.

80 Demuestra que si x_1 y x_2 son las soluciones de $ax^2 + bx + c = 0$, entonces $x_1 + x_2 = -\frac{b}{a}$ y $x_1 \cdot x_2 = \frac{c}{a}$.

INVESTIGA

Problemas diofánticos

A continuación, se proponen dos problemas que se pueden resolver con ecuaciones diofánticas.

Este tipo de problemas suelen tener varias soluciones.

En el caso de que haya más de una, has de encontrarlas todas.

anayaeducación.es Forma de resolver problemas diofánticos de una ecuación con dos incógnitas de 1.er grado.

anayaeducación.es Otros cuantos problemas diofánticos.

Sabías que...

Las ecuaciones diofánticas se caracterizan por tener como soluciones números naturales (y, a veces, enteros) y se llaman así en honor a **Diofanto de Alejandría,** matemático del siglo III considerado el primer algebrista.

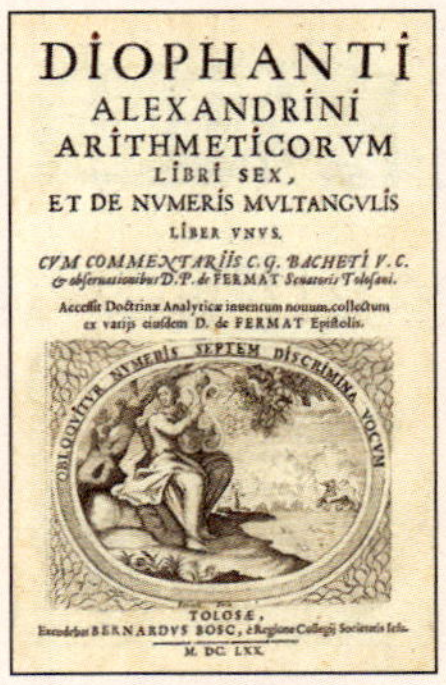

PROBLEMA 1

En un mueble, se nos ha roto una pata de 4 cm de altura.

Para equilibrarlo provisionalmente, disponemos de varios discos de madera, unos de 5 mm de grosor y otros de 3 mm. ¿Cuántos discos de cada clase usaremos?

PROBLEMA 2

En un test de 20 preguntas se consiguen 5 puntos por cada respuesta correcta, se pierden 3 por cada respuesta errónea, y otros 2 por cada pregunta sin contestar.

¿Qué tiene que ocurrir para obtener una calificación de 0 puntos? ¿Y para obtener 50?

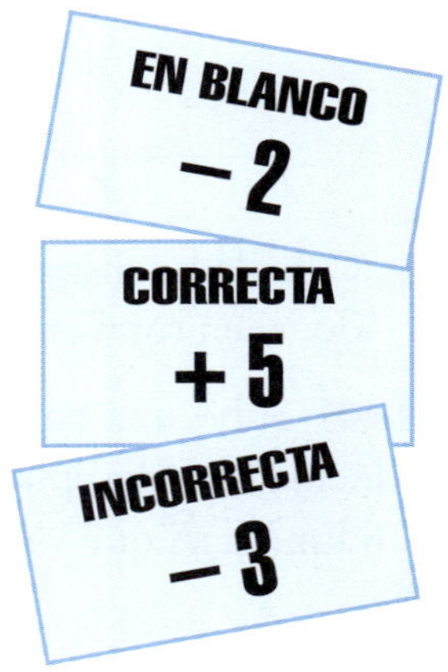

UTILIZA EL LENGUAGE ALGEBRAICO

Igualando

Al mayor de tres hermanos le toca la lotería, por lo que, generoso, decide doblar el capital de los dos menores. Al hacerlo, se dan cuenta de que, en ese caso, el más rico es el mediano, que, también generoso, dobla el capital de los otros dos.

Ahora resulta que el más rico es el pequeño, que, por no ser menos, dobla el capital de los dos mayores. ¡Por fin!, ahora están igualados, pues cada uno tiene 400 €.

¿Cuánto tenía cada uno al principio?

UTILIZA TU INGENIO

Frutas

¿Por qué frutas podemos cambiar dos peras?

ENTRÉNATE RESOLVIENDO OTROS PROBLEMAS

Intenta resolver los problemas que te proponemos a continuación sin utilizar el álgebra.

- Una motorista sale de su casa a las cinco de la tarde para acudir a una cita. Se da cuenta de que si viaja a 60 km/h llegará un cuarto de hora tarde, pero que si lo hace a 100 km/h llegará un cuarto de hora antes. ¿A qué hora es la cita? ¿A qué distancia está su destino?

- Un tren avanza a 300 km/h por un tramo recto de vía. Por una carretera paralela, y en la misma dirección, avanza un coche a 120 km/h.

¿Cuál es la longitud del tren sabiendo que tarda 4 segundos en sobrepasar al coche por completo?

- Un profesor de tenis, en un entrenamiento, reparte tres pelotas a cada alumno y le sobran 11. Al día siguiente lleva 20 pelotas más, con lo que cada uno recibe cinco y solo le sobra una. ¿Cuántos son los alumnos?

- Entre todos los amigos y amigas, aportando 6 € cada uno, íbamos a comprar un balón para regalárselo a nuestro amigo Jordi. Pero Iván y Julia no pueden pagarlo, por lo que ahora tocamos a 10 €. ¿Cuántos amigos y amigas somos en la pandilla?

AUTOEVALUACIÓN

anayaeducación.es Resoluciones de estos ejercicios y una autoevaluación interactiva.

1 Resuelve las siguientes ecuaciones:

a) $\sqrt{x+1} - x = \dfrac{x-7}{4}$ b) $\dfrac{1}{x} - \dfrac{x+1}{x-1} + \dfrac{5}{2} = 0$

2 Resuelve.

a) $\begin{cases} \sqrt{x} = 4 - y \\ y^2 = 4 + x \end{cases}$ b) $\begin{cases} xy = 15 \\ 4x^2 - y^2 = 11 \end{cases}$

3 Resuelve.

a) $10^{2x-1} = 0{,}001$ b) $25^x = 500$

c) $2^{x-1} + 2^{x+3} = \dfrac{17}{8}$

d) $\dfrac{1}{2} log_2 (3x+3) - \dfrac{1}{2} log_2 (2x-3) = log_2 2$

4 Resuelve.

a) $3x^2 - 5x - 2 \le 0$ b) $\begin{cases} 2x - 3 < 4 \\ 4 - x \ge -1 \end{cases}$

5 Un comerciante quiere vender por 60 000 € los ordenadores que tiene en su almacén. Pero se le estropean dos y tiene que vender los otros 50 € más caros para recaudar lo mismo.

¿Cuántos ordenadores tenía y a qué precio los vendió?

6 Las diagonales de un rombo suman 42 m y su área es 216 m². ¿Cuánto mide el perímetro del rombo?

7 En una clase hay 5 chicos más que chicas. Sabemos que en total son algo más de 20 estudiantes, pero no llegan a 25.

¿Cuál puede ser la composición de la clase?

8 ¿Cuántos litros de vino de 5 €/L se deben mezclar con 20 L de otro de 3,50 €/L para que el precio de la mezcla sea inferior a 4 €/L?

Compromiso ODS Visualiza el vídeo Meta 5.2, piensa en una acción con la que podrías contribuir al logro de esa meta y comprométete a llevarla a cabo.

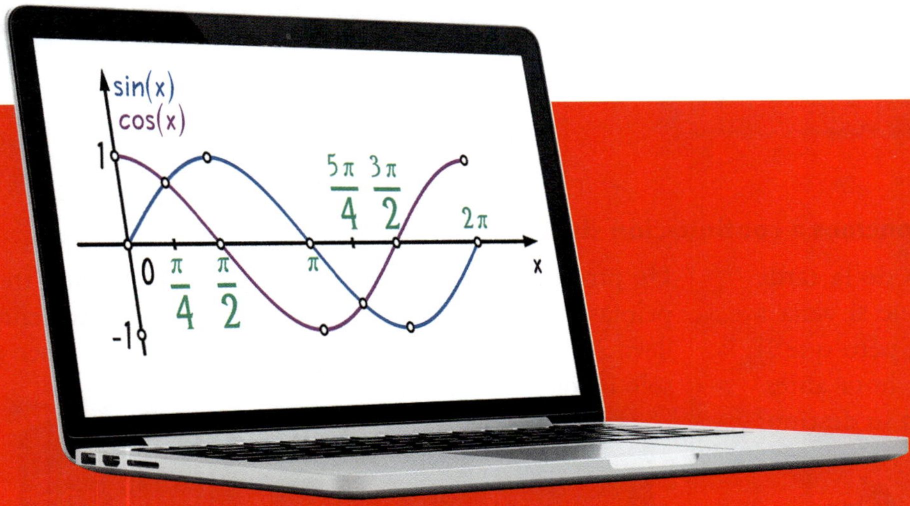

FUNCIONE

BLOQUE 2

4 FUNCIONES. CARACTERÍSTICAS

5 FUNCIONES ELEMENTALES

Recuerda que en **anayaeducacion.es** puedes encontrar orientación académica y profesional relacionada con los contenidos de este bloque.

4

FUNCIONES. CARACTERÍSTICAS

Evolución del concepto de función

El concepto de función ha ido evolucionando y perfilándose a lo largo del tiempo. ¿Qué requisitos se le ha ido exigiendo a dicho concepto?

- Una función relaciona dos variables.
- Las funciones describen fenómenos naturales.
- Las relaciones funcionales pueden ser descritas mediante fórmulas (relaciones algebraicas).
- Las funciones pueden ser representadas gráficamente.

Un ejemplo de función

Un reloj de sol no es exacto debido a que la Tierra, en su movimiento alrededor del Sol, no va siempre a igual velocidad.

La gráfica que tienes debajo muestra en cuántos minutos se adelanta o se atrasa el reloj de sol en el transcurso de un año.

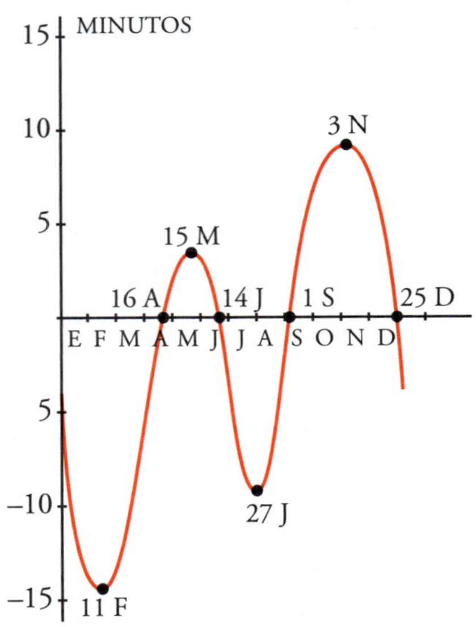

A partir de ella, nos podemos hacer infinidad de preguntas:

- ¿En qué fecha el reloj de sol se adelanta más?
- ¿En qué fecha se retrasa más?
- ¿En qué fechas no se adelanta ni se retrasa?
- ¿Qué pasará al año siguiente? ¿Y al otro?

Este comportamiento se repite cada año. Las funciones que vuelven a repetirse sucesivamente se llaman *periódicas*.

Aportaciones de grandes matemáticos

- **Nicolas de Oresme** (siglo XIV) fue el primero en describir las leyes de la naturaleza como relaciones de dependencia entre dos variables. Y **Galileo** (siglo XVI) utilizó por primera vez la experimentación (diseñó, experimentó, miró, anotó) para establecer numéricamente estas relaciones.
- **Descartes** (siglo XVII), con su algebrización de la geometría, propició que las funciones pudieran ser representadas gráficamente.
- **Leibniz** (siglo XVII), en 1673, utilizó por primera vez la palabra *función* para designar estas relaciones.
- **Euler** (siglo XVIII) fue perfilando el concepto, al que dio precisión y generalidad. Presentó una definición general muy rigurosa, que no dista mucho de la que utilizamos actualmente. Aportó la nomenclatura $f(x)$.
- **Dirichlet** (siglo XIX) amplió el concepto admitiendo, finalmente, que una relación entre dos variables puede ser función aunque no haya una expresión analítica que la describa.

¿A qué velocidad caen los objetos?

En la Europa del siglo XVI, la influencia de **Aristóteles** (filósofo del siglo IV a. C.) era extraordinaria y sus creencias no se cuestionaban. Según Aristóteles, si se dejan caer dos cuerpos de distintos pesos, el más pesado llegará antes al suelo. Se cuenta que Galileo, siendo profesor novato de la Universidad de Pisa, desmontó esta creencia mediante una experiencia pública: dejó caer dos objetos metálicos de pesos muy distintos desde la torre de Pisa. Cayeron simultáneamente. De ese modo demostró sus tesis pero fue expulsado de la universidad.

Es posible que en la anécdota anterior haya mucho de mito. Sin embargo, sí es cierto que experimentó sobre la caída de un cuerpo por un plano inclinado, controlando distancias y tiempos.

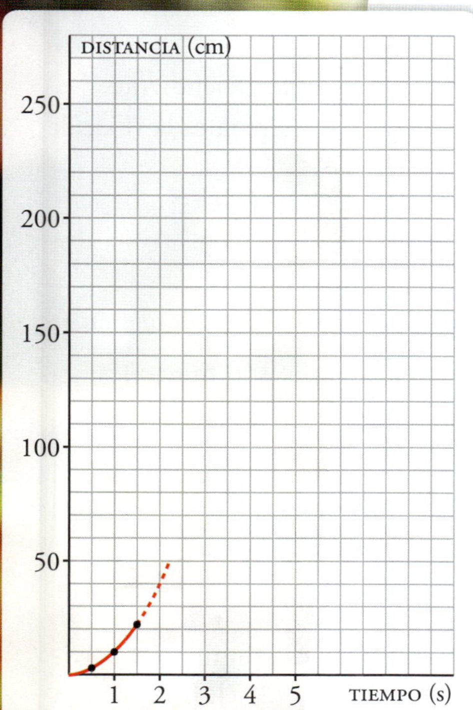

Resuelve

1 Se deja caer una bola por un raíl levemente inclinado y se mide la distancia que recorre en distintos tiempos:

TIEMPO, t (EN s)	0	0,5	1	1,5	2	2,5	3	3,5	4	4,5	5
DISTANCIA, e (EN cm)	0	2,5	10	22	40	63	90	123	160	202	250

a) Representa los datos anteriores sobre una cuadrícula como la que tienes a la izquierda. Úsalos para obtener la curva correspondiente.

b) Comprueba que los valores obtenidos responden (con muy buena aproximación) a la siguiente relación: $e = 10t^2$

1 ▸ CONCEPTOS BÁSICOS

Una función liga dos variables numéricas a las que, habitualmente, se las llama x e y:

x es la **variable independiente.** y es la **variable dependiente.**

La relación entre las variables mediante la función f asocia a cada valor de x **un único** valor de y. Se expresa así:

$$y = f(x)$$

Para visualizar el comportamiento de una función, recurrimos a su representación gráfica.

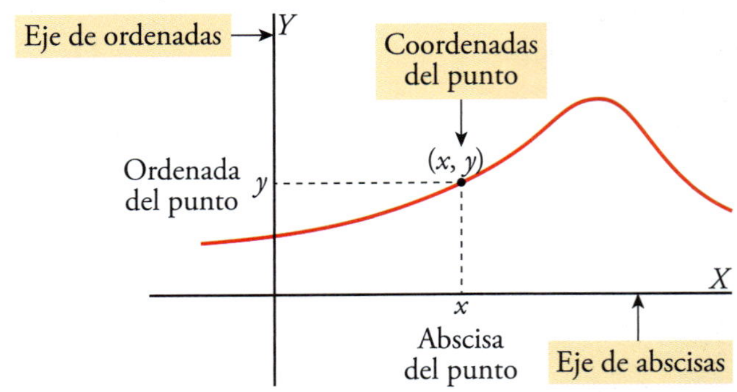

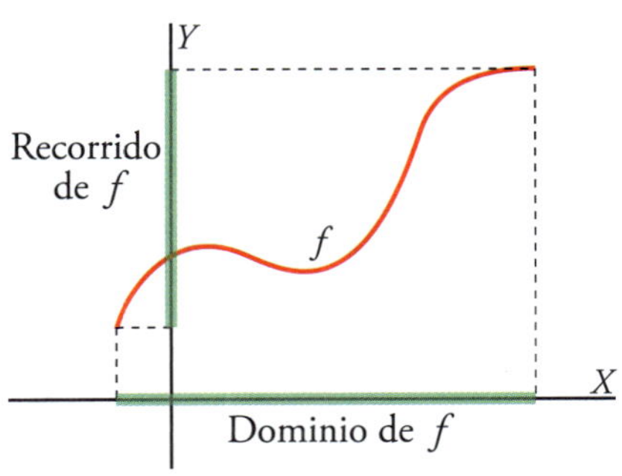

Se llama **dominio de definición** de una función, f, y se designa por *Dom f*, al conjunto de valores de x para los cuales existe la función.

Se llama **recorrido** de f al conjunto de valores que toma la función. Es decir, al conjunto de valores de y para los cuales hay un x tal que $f(x) = y$.

Ejercicio resuelto

Explicar por qué es función la siguiente relación:

Carga tu móvil al 100 % y apunta cada 15 min el porcentaje de carga que tiene, hasta que se agote totalmente.

Se ligan dos variables: el tiempo, t, medido en minutos, y el porcentaje, p, de batería.

La primera es la variable independiente. La segunda es la variable dependiente.

En cada instante, el móvil tiene un porcentaje de carga. Es decir, para cada valor de t hay un único valor de p.

Por tanto, p es una función que depende de t: $p = f(t)$.

Piensa y practica

anayaeducacion.es GeoGebra. Concepto de función.

1 Esta gráfica describe la temperatura a la que sale el agua de un grifo que se mantiene un rato abierto:

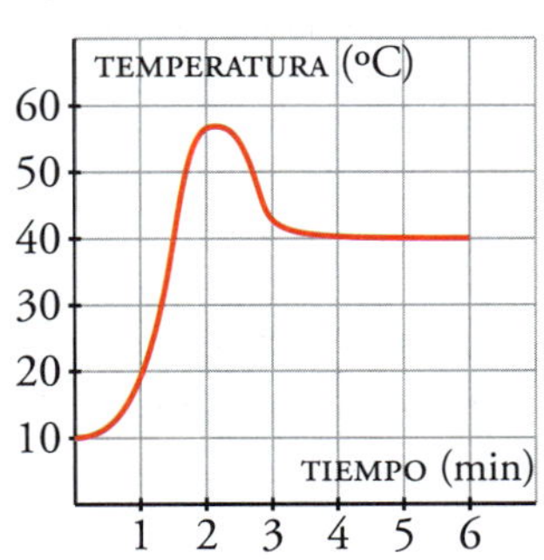

a) ¿Cuáles son las dos variables?

b) Explica por qué es una función.

c) ¿Cuáles son el dominio de definición y el recorrido?

2 Indica el dominio y el recorrido de estas funciones:

a)

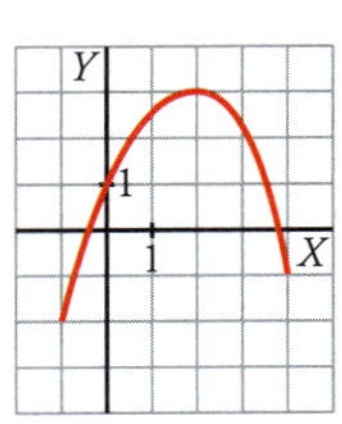

b)

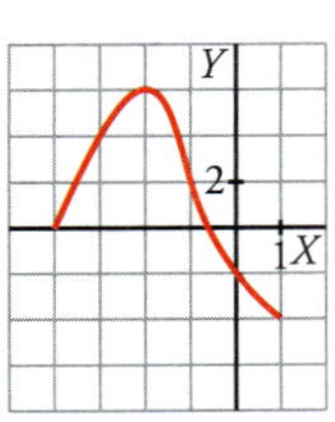

c)

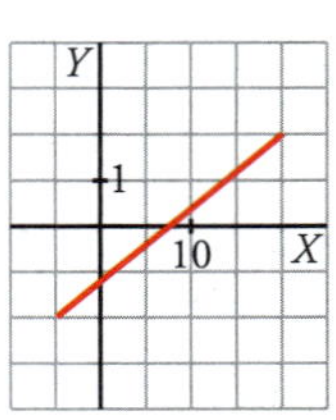

3 Representa una función cuyos dominio y recorrido sean, respectivamente, $[-2, 5]$ y $[2, 7]$. Inventa otra con dominio $[0, 5]$ y recorrido $\{1\}$.

2 CÓMO SE PRESENTAN LAS FUNCIONES

Tanto en el estudio de las matemáticas como en otras ciencias o en la vida cotidiana, nos encontramos frecuentemente con funciones.

Las funciones nos vienen dadas de muy diversas formas: mediante su **gráfica,** por una **tabla de valores,** por una **fórmula** o mediante una descripción verbal (**enunciado**).

Observa

La gráfica de una función permite apreciar su comportamiento global con un simple golpe de vista.

Mediante su gráfica

La función de la derecha viene dada por su gráfica. Describe el índice del precio de la vivienda en los últimos años en cierta región.

Como mejor se puede apreciar el comportamiento global de una función es mediante su representación gráfica. Por eso, siempre que pretendamos analizar una función, intentaremos representarla gráficamente, cualquiera que sea la forma en la cual, en principio, nos venga dada.

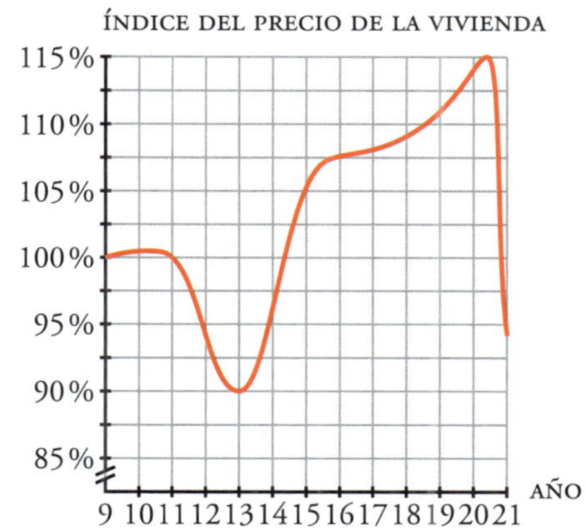

Mediante un enunciado

Cuando una función viene dada por un enunciado o una descripción, la idea que nos podemos hacer de ella es, casi siempre, cuantitativamente poco precisa. Pero si el enunciado se acompaña con datos numéricos, la función puede quedar perfectamente determinada. Veamos dos ejemplos de funciones que relacionan la *altura sobre el nivel del mar* con el *tiempo transcurrido*:

- Félix salió por la mañana de su casa de campo, siguió un camino que llevaba a la cima de una montaña, comió arriba y volvió justo antes de anochecer.
- María salió de su casa, en la playa, a las 9 a. m. Caminó 45 min hasta la cima de una colina que está a 250 m de altura sobre el nivel del mar, se quedó 10 min contemplando las vistas y tardó 30 min en volver a casa.

anayaeducacion.es
Refuerza la interpretación de gráficas.

Piensa y practica

1 Analicemos la gráfica de arriba:

a) ¿Entre qué años se muestra la evolución del precio de la vivienda?

b) ¿Qué quiere decir que la gráfica arranque en el 100 %? ¿Te parece razonable?

c) El máximo fue del 115 %. ¿Y el mínimo? ¿En qué momento se da cada uno?

d) ¿En qué dos momentos el índice del precio está en 105 %? ¿A qué precio se encuentra la vivienda en el primer trimestre de 2016?

2 Fíjate en las funciones *altura sobre el nivel del mar - tiempo transcurrido* que se han descrito un poco más arriba referentes a las excursiones realizadas por Félix y María.

a) Representa la gráfica correspondiente a Félix.

b) Representa la gráfica correspondiente a María.

c) Si compararas las dos gráficas anteriores con las de tus compañeros, ¿cuáles serían más parecidas, las de Félix o las de María?

Explica por qué.

Mediante una tabla de valores

Con frecuencia se nos dan los valores de una función mediante una tabla en la cual se obtienen directamente los datos buscados. Sin embargo, en otros casos hay que efectuar complejos cálculos para obtener lo que se busca.

Ejemplo: la tabla para el pago a Hacienda

Observemos esta tabla con la que se calcula lo que cada persona (contribuyente) debe pagar a Hacienda (**cuota íntegra**) en función de lo que ganó el último año menos los descuentos legalmente admitidos (**base liquidable**).

BASE LIQUIDABLE (€)	CUOTA ÍNTEGRA (€)	RESTO BASE LIQUIDABLE (€)	TIPO APLICABLE (%)
10 000	0	hasta 15 000	15
25 000	2 250	hasta 20 000	25
45 000	7 250	hasta 25 000	35
70 000	16 000	en adelante	45

NOTA: La tabla que maneja la agencia tributaria es de este tipo, pero más compleja.

El uso de esta tabla está ejemplificado en el margen. Pero su significado es este:

- Las ganancias de 0 a 10 000 € no pagan nada (0 %).
- Por lo ganado entre 10 000 € y 25 000 €, se paga el 15 %.
- Por lo ganado entre 25 000 € y 45 000 €, se paga el 25 %.
- Por lo ganado entre 45 000 € y 70 000 €, se paga el 35 %.
- Por lo ganado por encima de 70 000 €, se paga el 45 %.

Por tanto, lo que debe pagar alguien que gane 54 000 € se calcularía así:

54 000 = 10 000 + 15 000 + 20 000 + 9 000

(0 % de 10 000; 15 % de 15 000; 25 % de 20 000; 35 % de 9 000)

↓ ↓ ↓ ↓

0 € + 2 250 € + 5 000 € + 3 150 € = 10 400 €

Ejemplo

Alguien que gane 54 000 €:

- Se sitúa en la 3.ª fila.
- Por los primeros 45 000 € debe pagar 7 250 €, y por el resto (54 000 € – 45 000 € = 9 000 €) debe pagar el 35 %.

  35 % de 9 000 € = 3 150 €
- Por tanto, debe pagar:

  7 250 € + 3 150 € = 10 400 €

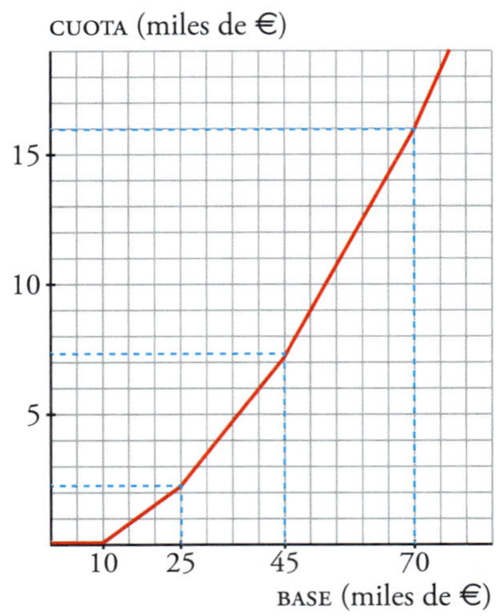

Ejercicio resuelto

Obtener la cuota íntegra que corresponde a cada una de las siguientes bases liquidables:

a) 9 500 €

b) 25 000 €

c) 50 000 €

d) 85 000 €

a) Esta cantidad corresponde a la primera fila. Por tanto, no se paga nada.

b) La cuota correspondiente a esta cantidad se encuentra directamente, sin cálculos, en la fila 2.ª → Cuota: 2 250 €.

c) Nos situamos en la 3.ª fila. Por los primeros 45 000 € hay que pagar 7 250 €. Por los 5 000 € restantes, hay que pagar el 35 %, que son 1 750 €. Por tanto, habrá que pagar 7 250 € + 1 750 € = 9 000 €.

d) Nos situamos en la última fila. Por los primeros 70 000 € hay que pagar 16 000 €. Por los 15 000 € restantes, hay que pagar el 45 %, es decir, 6 750 €. Por tanto, hay que pagar, en total, 16 000 € + 6 750 € = 22 750 €.

Piensa y practica

anayaeducacion.es **GeoGebra.** Funciones definidas mediante tablas de valores.

3 Halla la cuota íntegra que corresponde a cada una de las siguientes bases liquidables:

a) 12 000 € b) 20 000 € c) 45 000 € d) 100 000 €

4 La segunda columna de la tabla de arriba se puede obtener a partir del resto de los datos que hay en ella. Explica cómo.

Mediante su expresión analítica o fórmula

La **expresión analítica** es la forma más precisa y operativa de dar una función. Pero para visualizarla, se requiere un minucioso estudio posterior.

Veamos algunos ejemplos:

Ejemplo 1

Una bola que se deja caer por un plano levemente inclinado lleva una aceleración de 20 cm/s^2.

La distancia, e, en centímetros, que recorre en función del tiempo, t, en segundos, viene dada por la fórmula $e = 10t^2$.

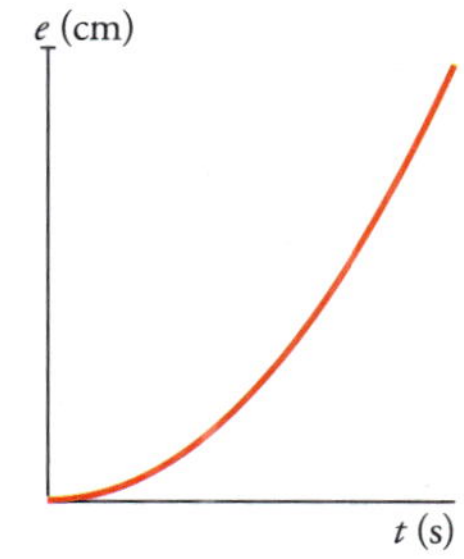

Ejemplo 2

El volumen de una esfera en función de su radio es:

$$V = \frac{4}{3}\pi r^3 \quad (r \text{ en cm}, \ V \text{ en cm}^3)$$

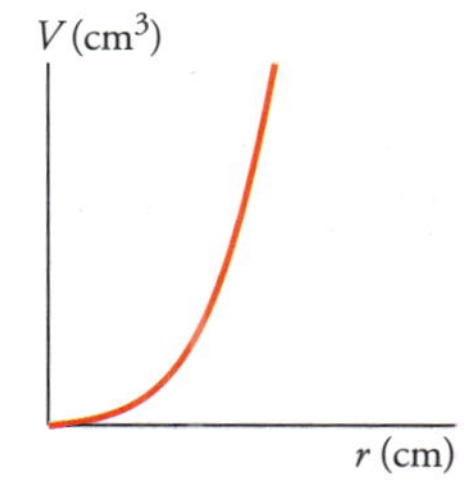

Ejemplo 3

El periodo, T, de un cierto péndulo viene dado en función de su longitud, l (en m), por la fórmula $T = 2\sqrt{l}$.

El periodo es el tiempo, en segundos, que tarda en dar una oscilación, ida y vuelta.

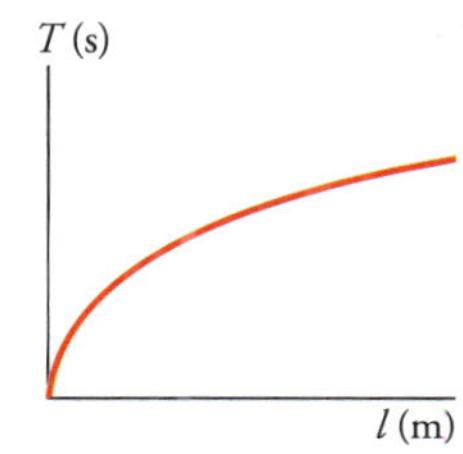

Ejemplo 4

El aumento, A, del tamaño de un objeto que se mira a través de una lupa es $A = \frac{2}{2-d}$.

d: distancia de la lupa al objeto, en cm.

A: aumento (número por el que se multiplica el tamaño real).

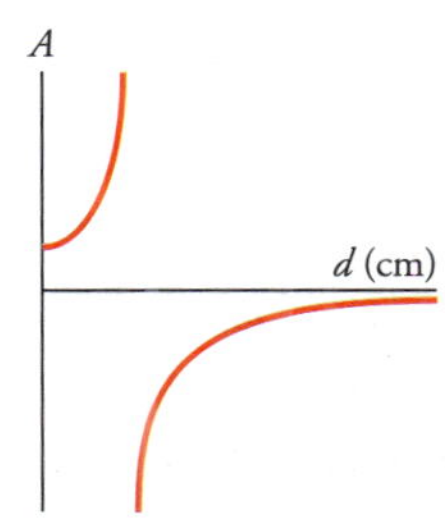

Piensa y practica

5 En el EJEMPLO 1, calcula la distancia que recorre la bola en 1, 2, 3, 4 y 5 segundos. ¿A qué tiempo corresponde una distancia de 2 m?

En el EJEMPLO 2, halla el volumen de una esfera de radio 5 cm y el radio de una esfera de volumen 800 cm^3.

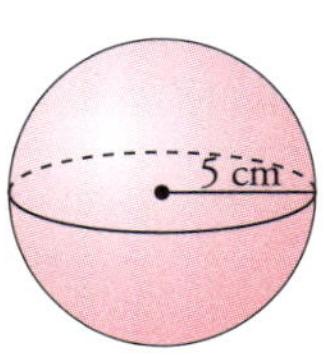

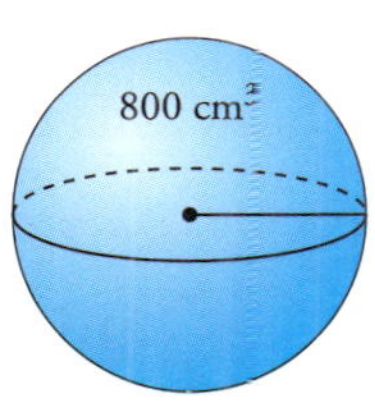

6 Halla (EJEMPLO 3) el periodo de un péndulo de 1 m de largo. ¿Cuál es la longitud de un péndulo cuyo periodo es de 6 segundos?

7 Calcula el tamaño aparente, A, de un objeto (EJEMPLO 4) para los siguientes valores de d:

0; 0,5; 1; 1,5; 1,9; 1,99

Para $d = 4$ se obtiene $A = -1$. Eso significa que el objeto se ve del mismo tamaño, pero invertido. Interpreta los valores de A para d:

10; 5; 2,5; 2,1; 2,01

3 DOMINIO DE DEFINICIÓN

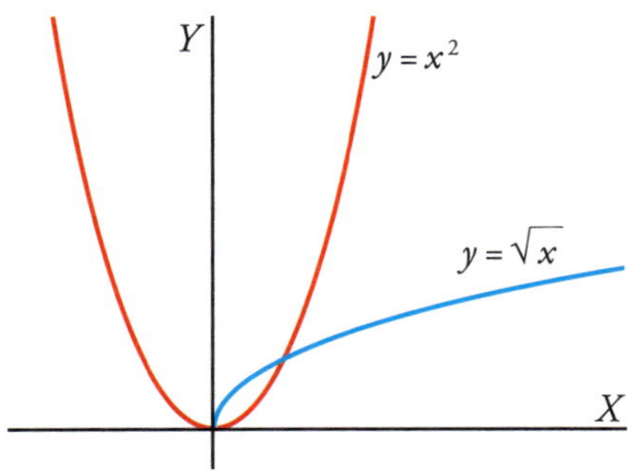

$f(x) = x^2 \rightarrow Dom\, f = (-\infty, +\infty)$

$g(x) = \sqrt{x} \rightarrow Dom\, g = [0, +\infty)$

En la función $y = x^2$ podemos dar a x un valor cualquiera y obtendremos el correspondiente valor de y. Decimos que esta función *está definida* en todo $\mathbb{R}$ o bien que su *dominio de definición* es $\mathbb{R}$ o $(-\infty, +\infty)$.

Sin embargo, en la función $y = \sqrt{x}$ no podemos dar a x valores negativos. Su dominio de definición es $[0, +\infty)$.

¿Por qué se restringe el dominio de definición?

Dom f puede quedar restringido por una de las siguientes causas:

— *Imposibilidad de realizar alguna operación.* Esto ocurre si en $f(x)$ hay:

- *Denominadores.* Los valores que hacen cero un denominador no están en el dominio de definición.

  Por ejemplo, para $f(x) = \dfrac{1}{x+3}$, el dominio es el conjunto de todos los reales salvo $x = -3$. Es decir, $Dom\, f = (-\infty, -3) \cup (-3, +\infty)$.

- *Raíces cuadradas.* No están en el dominio de definición los valores que hacen que la expresión bajo la raíz sea negativa.

  Por ejemplo, para $f(x) = \sqrt{x-2}$, los valores $x < 2$ no están en el dominio de definición. Por tanto, $Dom\, f = [2, +\infty)$.

— *Contexto real del cual se ha extraído la función.*

Por ejemplo, si $A = l^2$ representa el área de un cuadrado en función del lado, el dominio es $(0, +\infty)$, pues la longitud del lado ha de ser un número positivo.

— *Voluntad de quien propone la función.*

Así, podemos referirnos a la función $y = 2x$ definida en $(0, 4]$ sin más razón que el hecho de que queramos hacerlo.

Cuando no se dice lo contrario, el dominio de definición es tan amplio como permitan las operaciones que componen la expresión analítica de la función.

anayaeducacion.es Refuerza el cálculo de dominios.

Notación

Si *Dom f* es el conjunto de todos los reales salvo $x = -3$, podemos expresarlo mediante la unión de intervalos, $(-\infty, -3) \cup (-3, +\infty)$, o así:

$$Dom\, f = \mathbb{R} - \{-3\}$$

Ejercicio resuelto

Hallar el dominio de definición de las siguientes funciones dadas por sus expresiones analíticas:

a) $y = \dfrac{1}{x^2 - 2x - 8}$

b) $y = \sqrt{x+5}$

a) $x^2 - 2x - 8 = 0 \rightarrow x = \dfrac{2 \pm \sqrt{4+32}}{2} = \dfrac{2 \pm 6}{2} = \begin{cases} 4 \\ -2 \end{cases}$

Los valores $x = -2$ y $x = 4$ anulan el denominador, por lo que no pertenecen al dominio de definición.

Por tanto, $Dom\, f = (-\infty, -2) \cup (-2, 4) \cup (4, +\infty) = \mathbb{R} - \{-2, 4\}$

b) $x + 5 \geq 0 \rightarrow x \geq -5$. El dominio de definición es $Dom\, f = [-5, +\infty)$.

Piensa y practica

anayaeducacion.es Amplía el cálculo de dominios.

1 Halla el dominio de definición de las funciones siguientes:

a) $y = \dfrac{1}{x^2 + 2x - 8}$ b) $y = \sqrt{x-5}$ c) $y = \dfrac{1}{\sqrt{x-5}}$ d) $y = \dfrac{1}{\sqrt{x^2 - 2x - 8}}$

4 ▶ FUNCIONES CONTINUAS. DISCONTINUIDADES

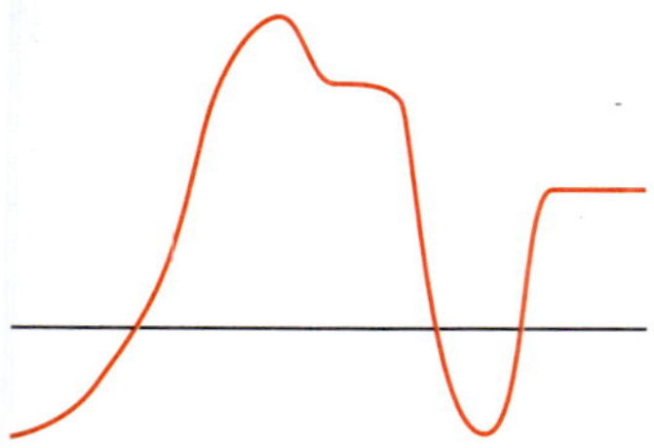

La función del margen es continua en todo su dominio de definición. Sin embargo, las tres funciones siguientes son discontinuas:

a)

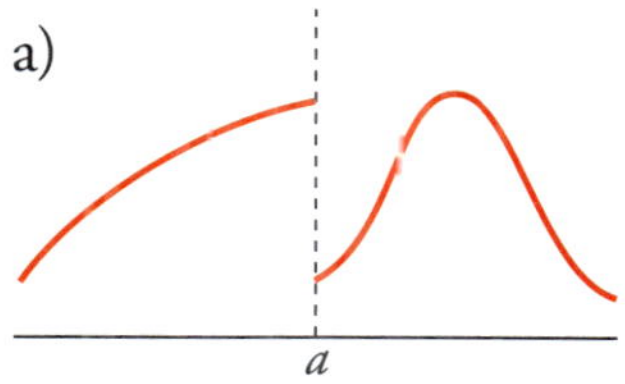

b)

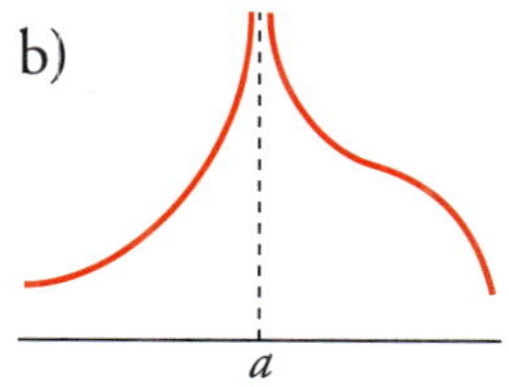

c)

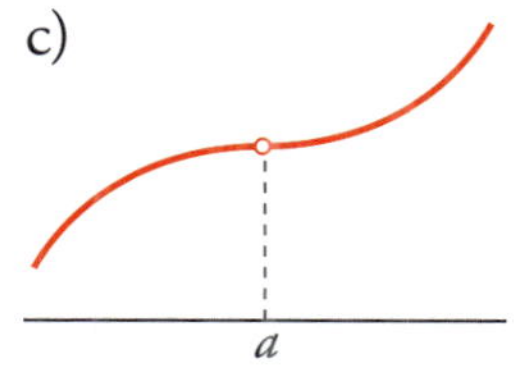

¿Por qué son discontinuas?

a) Presenta un salto en el punto de abscisa a.

b) Tiene ramas infinitas en el punto a. Es decir, los valores de la función crecen indefinidamente cuando la x se aproxima a a.

c) Le falta un punto. Es decir, no está definida en $x = a$.

> Una función es **continua** cuando no presenta discontinuidades de ningún tipo.
>
> Una función es **continua en un intervalo** $[a, b]$ si no presenta ninguna discontinuidad en él.

Ejemplos

Hay muchos aparcamientos que siguen cobrando «por horas». Esto quiere decir que solo por entrar ya se paga 1 h. Si se está 1 h y 10 min, se pagan 2 h. La primera de las dos gráficas siguientes describe esta forma de pago. Es una función con varios puntos de discontinuidad por saltos.

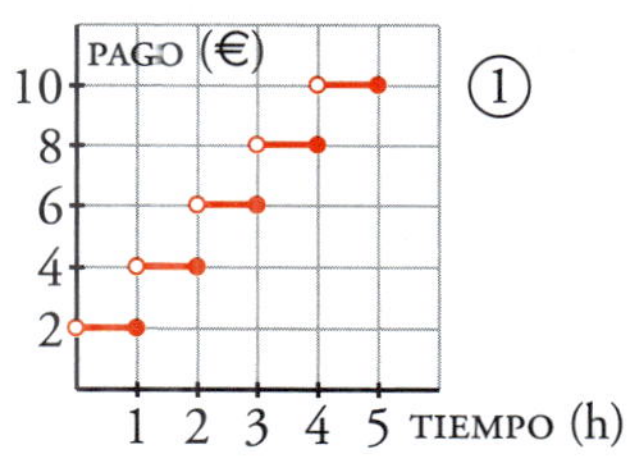

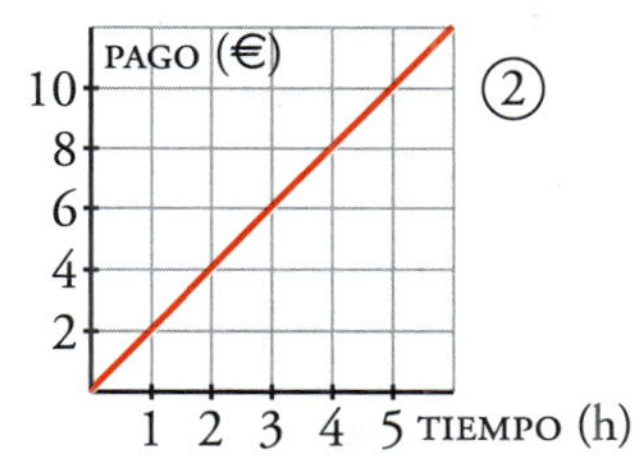

Los usuarios prefieren que las tarifas se rijan por la función cuya gráfica es la ②. Evidentemente, es continua. Las siguientes presentan ejemplos de discontinuidad:

Esta, porque tiene ramas infinitas.

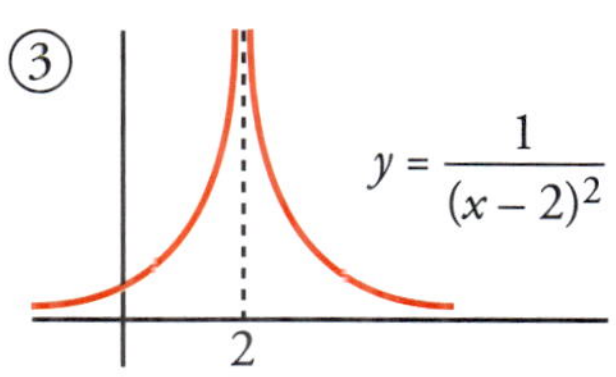

Y esta, porque le falta un punto.

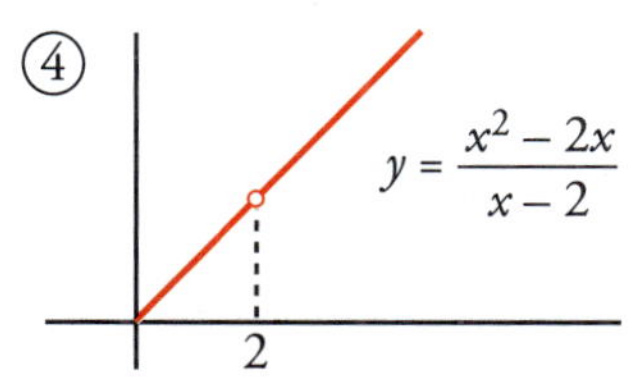

Observa

Las líneas temporales como la temperatura son continuas, pero la función del precio de la vivienda está hecha de puntos que se unen con una línea para ver la evolución.

Observación importante

En una función continua, a «pequeñas» variaciones de la x les corresponden variaciones también «pequeñas» de la y. Mientras que en los puntos de discontinuidad (con salto) una pequeña variación de la x (un minuto de más en el aparcamiento) puede producir una variación grande (2 €) en la y.

Observa

$$y = \frac{x^2 - 2x}{x - 2} = \frac{x(x-2)}{x-2} = x$$

Es decir, $y = x$ si $x \neq 2$, porque no podemos dividir por cero. Por eso dejamos un hueco en ese punto.

Piensa y practica

anayaeducacion.es GeoGebra. Funciones continuas y discontinuas.

1 Construye una función similar a la ①, pero para el caso de que se pague 1 € cada media hora. ¿Cuál de las opciones de pago te parece más justa?

2 Analiza la función ③ para valores «próximos a 2». Comprueba que cuando x vale 1,9; 1,99; 1,999; 2,01; 2,001, la y toma valores «muy grandes».

5 CRECIMIENTO, MÁXIMOS Y MÍNIMOS

La función f es **creciente** en este intervalo porque:

si $x_1 < x_2$, entonces $f(x_1) < f(x_2)$

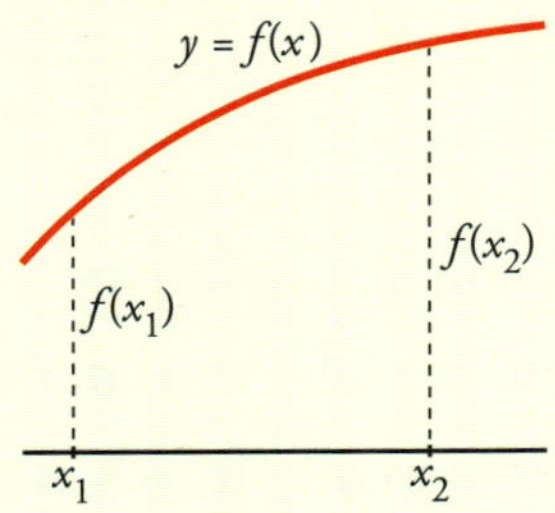

Análogamente, la función f es **decreciente** en este intervalo porque:

si $x_1 < x_2$, entonces $f(x_1) > f(x_2)$

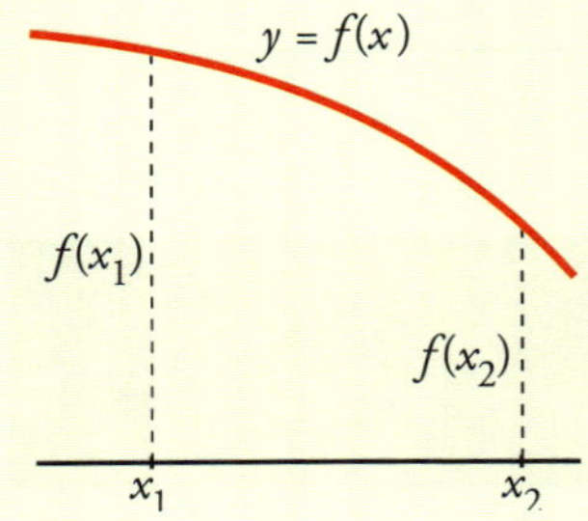

Una función puede ser creciente en unos intervalos y decreciente en otros.

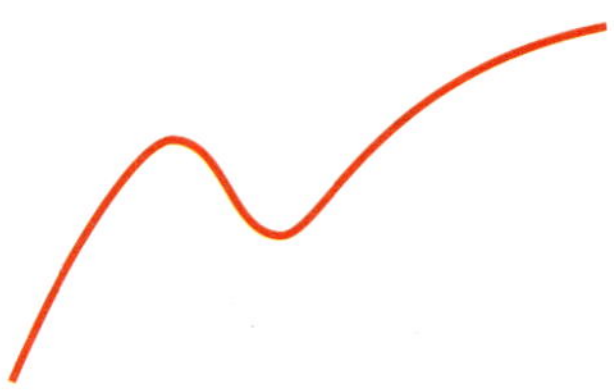

La función puede tomar en otros puntos valores mayores que un máximo relativo y menores que un mínimo relativo.

Una función tiene un **máximo relativo** en un punto cuando en él la función toma un valor mayor que en los puntos próximos. En tal caso, la función es creciente hasta el máximo y decreciente a partir de él.

Análogamente, si f tiene un **mínimo relativo** en un punto, es decreciente antes del punto y creciente a partir de él.

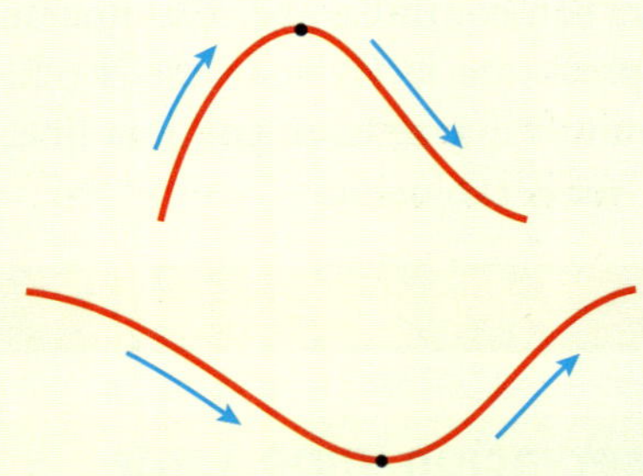

Ejercicio resuelto

Indicar los intervalos en los que es creciente y en los que es decreciente la función de la derecha dada gráficamente.

¿Cuáles son sus máximos y sus mínimos relativos?

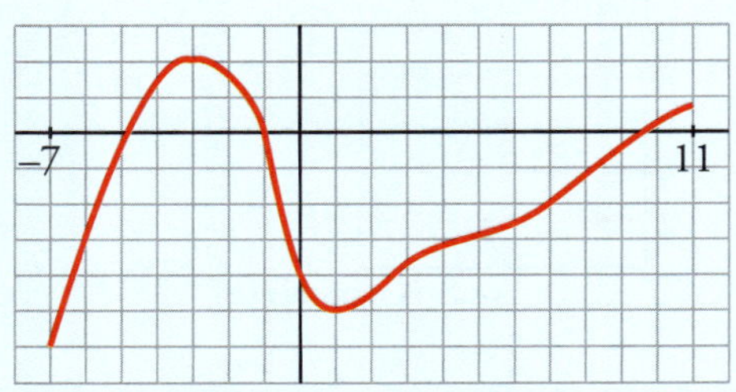

La función está definida en el intervalo [–7, 11].

Es creciente en los intervalos (–7, –3) y (1, 11).

Es decreciente en el intervalo (–3, 1).

Tiene un máximo relativo en el punto de abscisa –3. Su valor es 2.

Tiene un mínimo relativo en el punto de abscisa 1. Su valor es –5.

Hay puntos en los que la función toma valores menores que en el mínimo relativo. Por ejemplo, para $x = -7$, la función toma el valor -6.

Piensa y practica

1 Observa la función de la derecha y responde:

a) ¿En qué intervalos es creciente y en cuáles es decreciente?

b) ¿Cuáles son sus máximos y sus mínimos relativos?

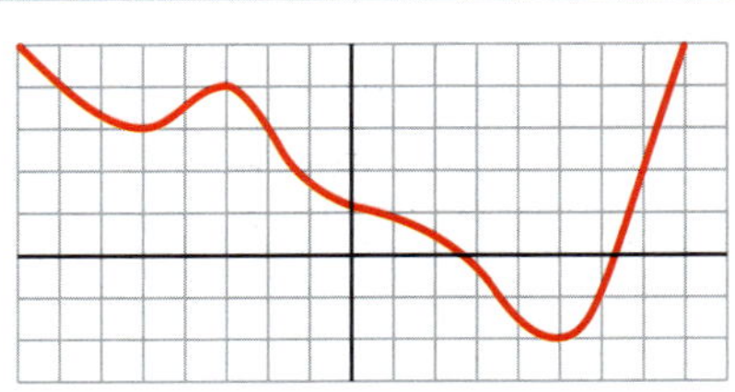

Tasa de variación media (T.V.M.)

Para medir la rapidez de variación (aumento o disminución) de una función en un intervalo, se utiliza la **tasa de variación media** o **T.V.M.**

anayaeducacion.es GeoGebra.
Tasa de variación media.

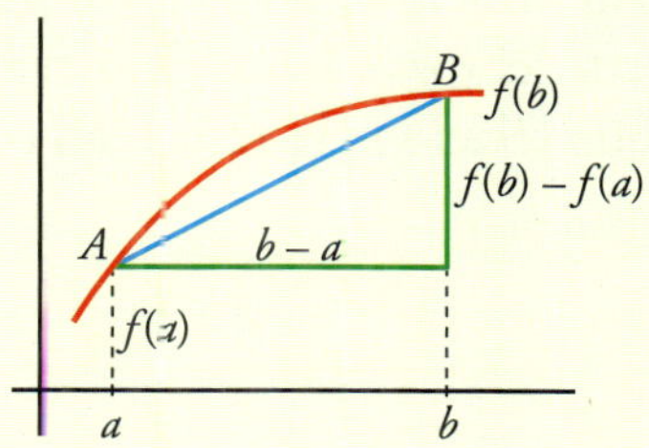

Se llama tasa de variación media de la función f en el intervalo $[a, b]$ al cociente entre la variación de la función y la longitud del intervalo.

$$\text{T.V.M. de } f \text{ en } [a, b] = \frac{f(b) - f(a)}{b - a}$$

Observa que la T.V.M. de f en $[a, b]$ es la pendiente del segmento AB.

Un interesante caso de T.V.M. es la velocidad media: $\dfrac{\text{distancia recorrida}}{\text{tiempo transcurrido}}$.

Ejercicios resueltos

1 ***Calcular la tasa de variación media de la función dada gráficamente a la derecha en los intervalos [1, 5] y [5, 8].***

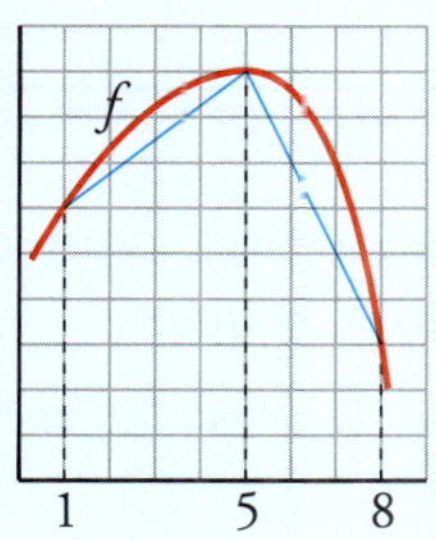

En la figura vemos que:

$f(1) = 6$, $f(5) = 9$, $f(8) = 3$. Por tanto:

$$\text{T.V.M. de } f \text{ en } [1, 5] = \frac{f(5) - f(1)}{5 - 1} = \frac{9 - 6}{4} = \frac{3}{4}$$

$$\text{T.V.M. de } f \text{ en } [5, 8] = \frac{f(8) - f(5)}{8 - 5} = \frac{3 - 9}{3} = \frac{-6}{3} = -2$$

2 ***Hallar la T.V.M. de la función $y = x^2 - 4x + 5$ en los intervalos [2, 4] y [0, 3].***

$$\text{T.V.M. en } [2, 4] = \frac{f(4) - f(2)}{4 - 2} = \frac{5 - 1}{4 - 2} = \frac{4}{2} = 2$$

$$\text{T.V.M. en } [0, 3] = \frac{f(3) - f(0)}{3 - 0} = \frac{2 - 5}{3 - 0} = \frac{-3}{3} = -1$$

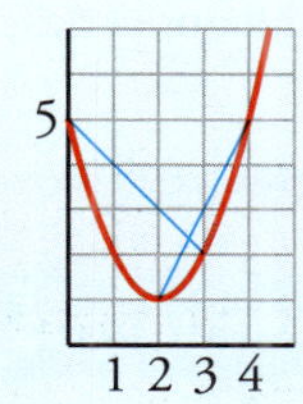

3 ***La altura de una piedra lanzada hacia arriba viene dada por la ecuación $a = 40t - 5t^2$ (a, en m; t, en s). Hallar la velocidad media en los intervalos [0, 2] y [4, 6].***

$$\text{T.V.M. en } [0, 2] = \frac{a(2) - a(0)}{2 - 0} = \frac{60 - 0}{2} = 30 \text{ m/s}$$

$$\text{T.V.M. en } [4, 6] = \frac{a(6) - a(4)}{6 - 4} = \frac{60 - 80}{2} = -10 \text{ m/s}$$

La velocidad se considera positiva cuando la piedra sube y negativa cuando la piedra baja.

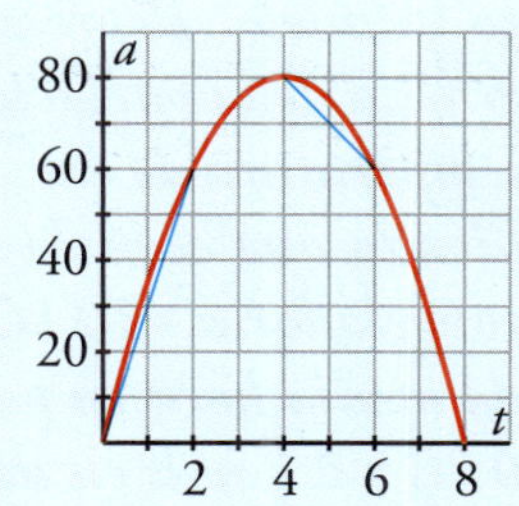

Piensa y practica

2 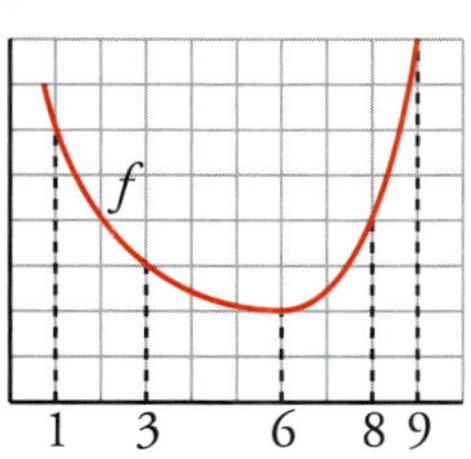

Halla la tasa de variación media (T.V.M.) de la función f representada, en los intervalos [1, 3], [3, 6], [6, 8], [8, 9] y [3, 9].

3 Halla la T.V.M. de la función $y = x^2 - 4x + 5$ (EJERCICIO RESUELTO 2) en [0, 2], [1, 3] y [1, 4].

4 Halla la velocidad media de la piedra del EJERCICIO RESUELTO 3 en los intervalos [0, 1], [0, 3], [3, 4] y [4, 8].

6 TENDENCIA Y PERIODICIDAD

Una paracaidista salta de un avión a una determinada altura. Su velocidad crece muy rápido al principio, pero según pasa el tiempo, tiende a estabilizarse debido a que la fuerza del rozamiento del aire se iguala a la gravedad. Esta es la gráfica de la función que relaciona la velocidad con el tiempo:

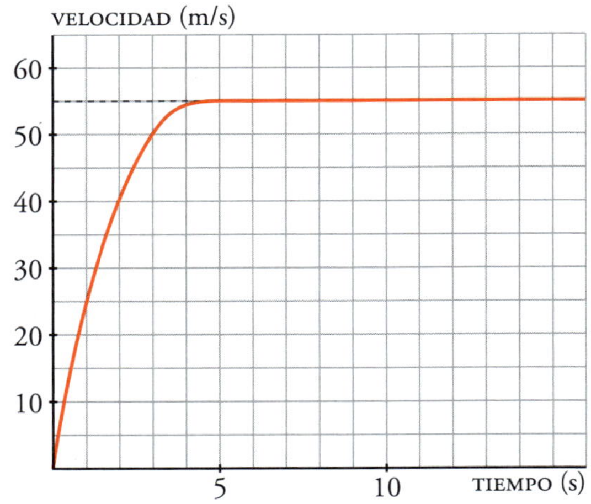

Observamos que la velocidad a partir de un cierto momento se estabiliza alrededor de un valor. Podemos afirmar que:

Al pasar el tiempo, la velocidad tiende a 55 m/s (198 km/h).

Hay funciones en las que, aunque solo conozcamos un trozo de ellas, podemos predecir cómo se comportan lejos del intervalo en que han sido estudiadas, porque tienen **ramas** con una **tendencia** muy clara.

Límite de una función

Estas tendencias se conocen como **límites de funciones.** En bachillerato aprenderás a reconocerlas y a calcularlas.

Ejercicios resueltos

1 ***Al limpiar el congelador, ha quedado en un vaso un trozo de hielo. Representar la gráfica de la variación de la temperatura de esa agua sabiendo que el hielo sale del congelador a –10 °C, y tarda media hora en ponerse a 0 °C y 2 h más en descongelarse. La temperatura exterior es de 20 °C.***

El hielo sube su temperatura hasta llegar a 0 °C. A partir de ahí, se descongela poco a poco manteniendo la temperatura de 0 °C hasta que se licúa por completo. Después, aumenta la temperatura del agua que tiende a igualarse con la de la habitación en la que se encuentra.

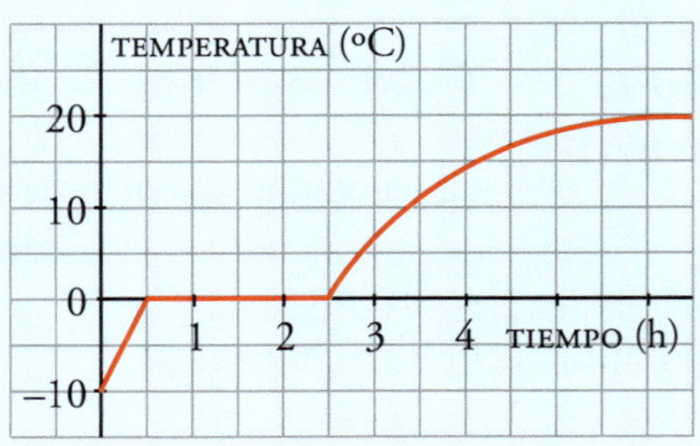

2 ***¿A cuánto tiende el volumen de un cubo cuando crece su arista?***

El volumen de un cubo en función de su arista es $V = a^3$. Cuanto más grande sea la arista, mayor será el volumen.

Es decir, el volumen crece indefinidamente. Esto se expresa del siguiente modo:

Cuando la arista crece indefinidamente, el volumen tiende a infinito.

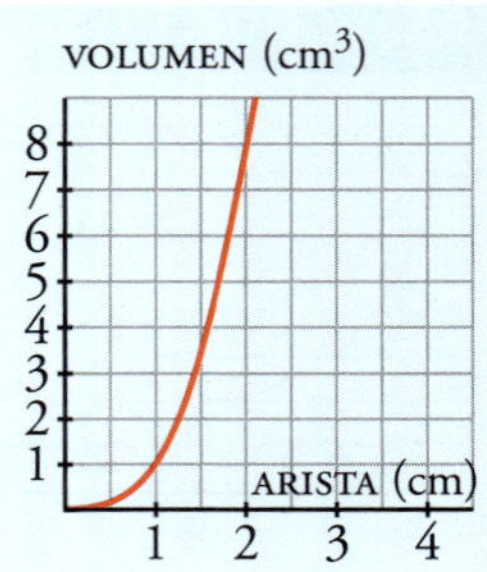

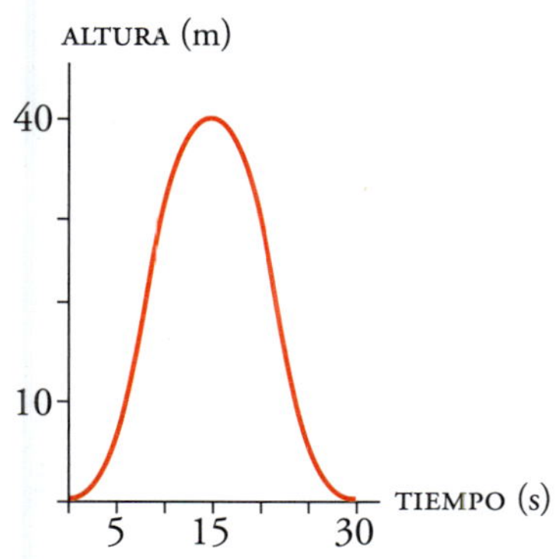

Periodicidad

En el margen se ha representado la variación de la altura de un cestillo de una noria cuando esta da una vuelta. Tarda medio minuto (30 segundos), y en ese tiempo sube, llega al punto más alto, baja y llega al suelo. Pero este movimiento se repite una y otra vez. Su representación gráfica es esta:

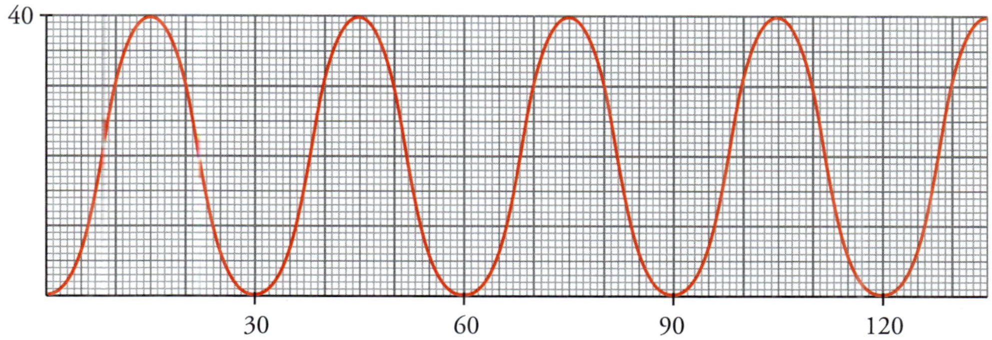

En esta función, lo que ocurre en el intervalo [0, 30] se repite reiteradamente. Se trata de una *función periódica* de *periodo* 30.

anayaeducacion.es GeoGebra. Funciones periódicas.

Función periódica es aquella cuyo comportamiento se repite cada vez que la variable independiente recorre un cierto intervalo. La longitud de ese intervalo se llama **periodo.**

Ejercicio resuelto

En esta gráfica se representa el comienzo de una función periódica de periodo 7. Averiguar los valores de esa función en los puntos de abscisas a = 10; b = 19; c = 418,5 y d = 1778.

$a = 10 \to f(10) = f(3) = 3$ (pues $10 = 7 \cdot 1 + 3$, y cada 7 unidades se repite el valor de la función)

$b = 19 \to f(19) = f(5) = 4$ (pues $19 = 7 \cdot 2 + 5$)

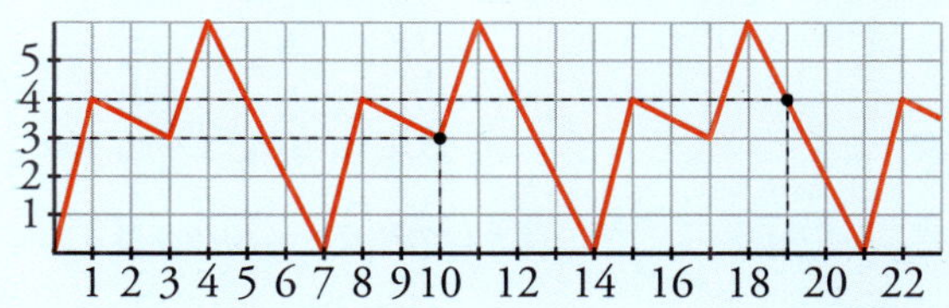

$c = 418{,}5 \to f(418{,}5) = f(5{,}5) = 3$ (pues $418{,}5 = 7 \cdot 59 + 5{,}5$)

$d = 1778 \to f(1778) = f(0) = 0$ (pues $1778 = 7 \cdot 254$)

Piensa y practica

1 La cantidad de radiactividad que posee una sustancia se reduce a la mitad cada año. La gráfica adjunta describe la cantidad de radiactividad que hay en una porción de esa sustancia al transcurrir el tiempo.

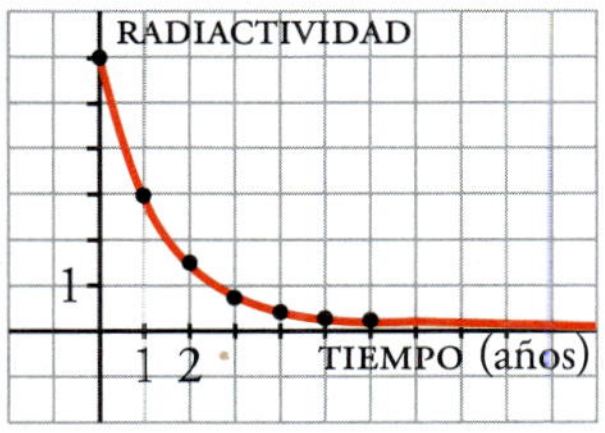

¿A cuánto *tiende* la radiactividad con el paso del tiempo?

2 La cisterna de unos servicios públicos se llena y se vacía, automáticamente, cada dos minutos, siguiendo el ritmo de la gráfica adjunta.

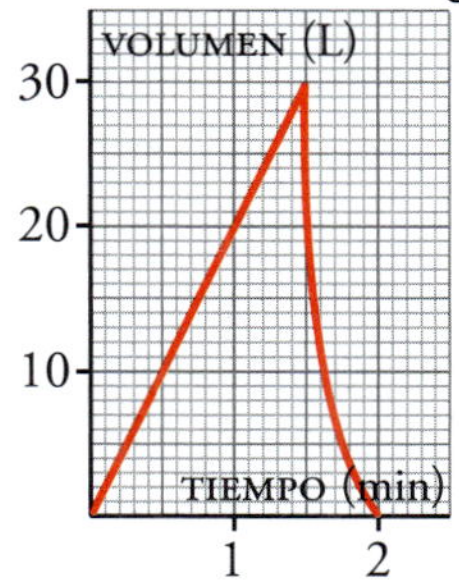

a) Dibuja la gráfica correspondiente a 10 min.

b) ¿Cuánta agua habrá en la cisterna en los siguientes instantes?

I) 17 min II) 40 min 30 s III) 1 h 9 min 30 s

1 Dominio de definición

Indicar cuál es el dominio de definición de la siguiente función:

$$y = \sqrt{3x^2 + 6x - 9}$$

Hazlo tú Calcula el dominio de definición de la siguiente función:

$$y = \sqrt{-2x^2 + 14x - 20}$$

Hallamos los valores de x que hacen que $3x^2 + 6x - 9$ sea positivo o cero. Resolvemos $3x^2 + 6x - 9 = 0 \rightarrow x_1 = -3,\ x_2 = 1$. La representamos:

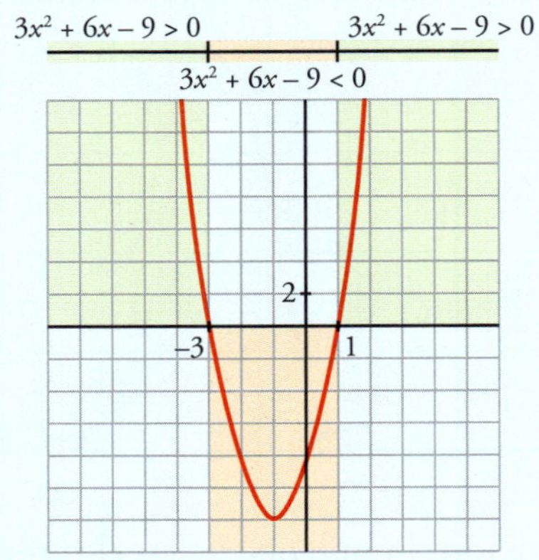

- Si $x \le -3 \rightarrow 3x^2 + 6x - 9 \ge 0$
- Si $-3 < x < 1 \rightarrow 3x^2 + 6x - 9 < 0$
- Si $x \ge 1 \rightarrow 3x^2 + 6x - 9 \ge 0$

Por tanto, podemos dar a x cualquier valor menor o igual que –3 o bien cualquier valor mayor o igual que 1.

Por tanto, el dominio de esta función, f, es:

$$Dom\, f = (-\infty, -3] \cup [1, +\infty)$$

Se incluye la gráfica solo para que se vea claro lo que se está haciendo.

2 Más dominios de definición

Hallar los dominios de definición de las siguientes funciones:

a) $f(x) = \dfrac{1}{\sqrt{x} - 3}$

b) $g(x) = \dfrac{\sqrt{x+1}}{\sqrt{4 - x^2}}$

c) $h(x) = f(x) + g(x)$

a) En $f(x)$ hay dos restricciones: una raíz cuyo radicando no puede ser negativo y un denominador que no puede ser 0.

Para que $\sqrt{x}$ exista, la restricción es $x \in [0, +\infty)$; y para que $\sqrt{x} - 3 \ne 0$, tiene que ocurrir que $x \ne 9$. Por tanto, $Dom\, f = [0, 9) \cup (9, +\infty)$.

b) Ocurre lo mismo que en el apartado a), pero ahora hay 3 restricciones:

- $\sqrt{x+1} \rightarrow x \in [-1, +\infty)$
- $\sqrt{4 - x^2} \rightarrow x \in [-2, 2]$
- $\sqrt{4 - x^2} \ne 0 \rightarrow x \ne \pm 2$

(las dos últimas) $\Big\} \; x \in (-2, 2)$

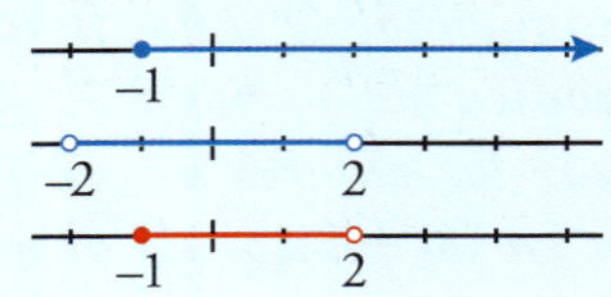

Por tanto, $Dom\, g = [-1, +\infty) \cap (-2, 2) = [-1, 2)$

c) $Dom\, h = Dom\, f \cap Dom\, g =$

$= \big([0, 9) \cup (9, +\infty)\big) \cap [-1, 2) = [0, 2)$

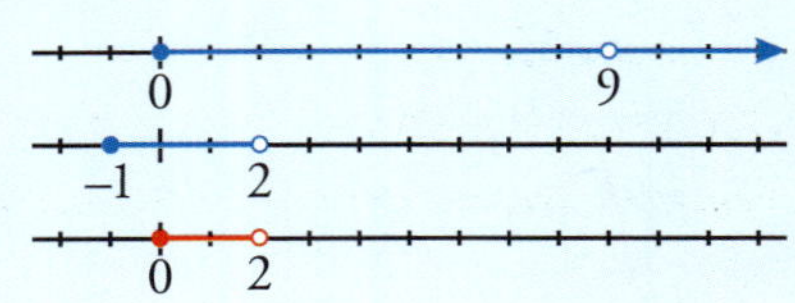

3 El ciclista

Pablo realiza un recorrido en bici. La gráfica de la derecha representa la velocidad que ha llevado durante toda la etapa.

a) En los primeros 15 minutos circula en llano. ¿A qué velocidad? ¿Qué distancia recorre?

b) Entre los minutos 18 y 27, ¿va cuesta arriba o cuesta abajo? ¿A qué velocidad?

c) Señala un intervalo de 5 min en el que marcha cuesta abajo. ¿A qué velocidad lo hace?

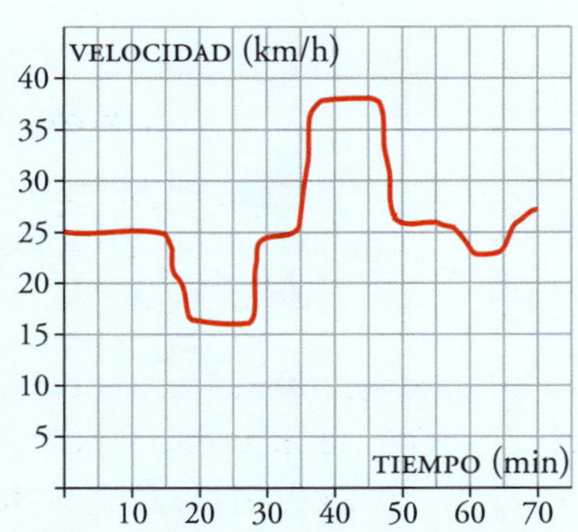

a) En los primeros 15 min circula a una velocidad de 25 km/h.

$$15 \text{ min} = \frac{1}{4} \text{ h} = 0{,}25 \text{ h}$$

En ese tiempo ha recorrido:

$$0{,}25 \cdot 25 = 6{,}25 \text{ km}$$

b) Entre los minutos 18 y 27 va cuesta arriba, ya que su velocidad ha disminuido 9 km/h. Es decir, ha pasado de 25 km/h a 16 km/h.

c) Por ejemplo, entre los minutos 40 y 45 marcha cuesta abajo a unos 38 km/h.

4 Construyendo una caja

Con una cartulina que mide 40 cm × 30 cm, queremos construir una caja. Para ello, cortamos un cuadrado de lado x en cada esquina.

a) Calcular la función que relaciona el volumen de la caja con la longitud del lado de los cuadrados que cortamos.

b) Hallar el dominio de definición de la función.

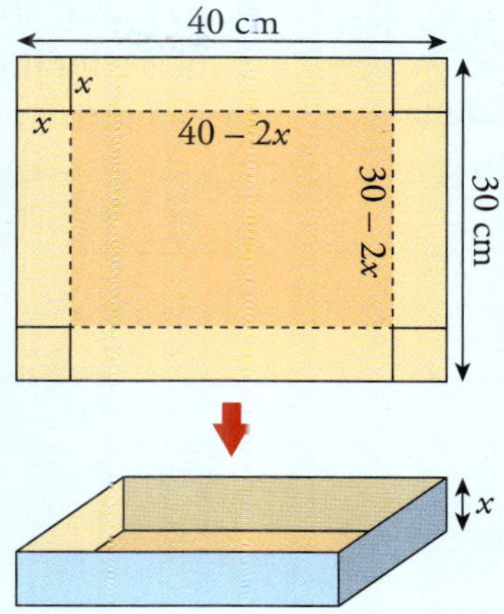

a) Si cortamos un cuadrado de lado x en cada esquina, el rectángulo que obtenemos como base de la caja tiene dimensiones $40 - 2x$ de largo y $30 - 2x$ de ancho. La altura de la caja será x.

Por tanto, el volumen en función de x es:

$$V = (40 - 2x) \cdot (30 - 2x) \cdot x =$$
$$= 4x^3 - 140x^2 + 1\,200\,x$$

b) Para que haya caja, la x no puede ser negativa ni 0, y además debe valer menos de 15 cm. El dominio de la función es, pues, $(0, 15)$.

Hazlo tú Repite esta actividad para una cartulina de 1 m × 70 cm.

5 Gráfica discontinua

Dada la gráfica de la derecha:

a) Hallar su dominio.

b) ¿Es creciente o decreciente en el intervalo [0, 1]? Hallar la T.V.M. de la función en dicho intervalo.

c) Indicar los puntos de discontinuidad de la función. ¿Qué tipo de discontinuidad presenta en cada uno?

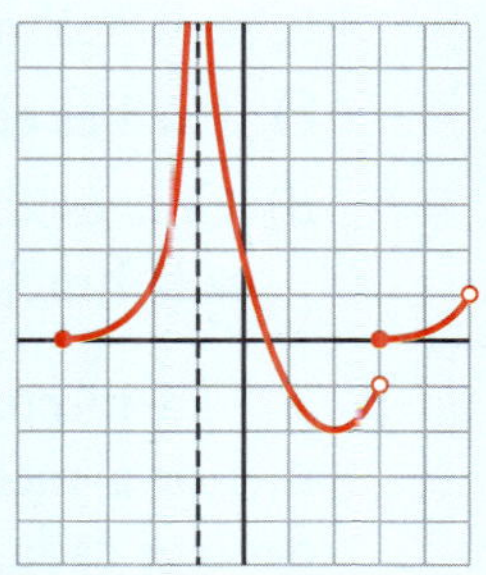

a) A simple vista, parece que el dominio es $[-4, 5)$, pero si nos fijamos bien, la función no está definida en $x = -1$, por tanto:

$$Dom = [-4, -1) \cup (-1, 5)$$

b) En el intervalo $[0, 1]$ la función es decreciente.

$$\text{T.V.M. } [0, 1] = \frac{-1-2}{1-0} = -3$$

c) La función presenta una discontinuidad de ramas infinitas en $x = -1$ y una discontinuidad de salto en $x = 3$.

6 Velocidad media

La función representada a la derecha relaciona el espacio recorrido por una moto con el tiempo.

a) ¿A qué distancia está el área de descanso?

b) Hallar la T.V.M. de la función en los intervalos [0, 9], [0, 5] y [6, 9].

c) ¿Cuál es la velocidad media en el primer tramo, antes del descanso? ¿Y en el segundo? ¿Qué relación hay entre las velocidades medias y las T.V.M. del apartado anterior?

d) Hallar la velocidad media del viaje.

a) La distancia al área de descanso son 400 km, que es donde comienza el tramo horizontal que se traduce en que la moto se ha detenido 1 h.

b) $\text{T.V.M. } [0, 9] = \dfrac{700-0}{9-0} = \dfrac{700}{9} = 77{,}78$

$\text{T.V.M. } [0, 5] = \dfrac{400-0}{5-0} = \dfrac{400}{5} = 80$

$\text{T.V.M. } [6, 9] = \dfrac{700-400}{9-6} = \dfrac{300}{3} = 100$

c) Las velocidades medias en el primer y el segundo tramo coinciden con las tasas de variación media de la función en los intervalos $[0, 5]$ y $[6, 9]$, respectivamente.

En una función que relaciona el espacio recorrido con el tiempo, al hallar la tasa de variación media en un intervalo, lo que hacemos realmente es calcular la velocidad media en ese intervalo de tiempo.

d) La velocidad media del viaje es la tasa de variación media de la función en el intervalo $[0, 9]$, que ya se calculó en el apartado b), 77,78 km/h.

Hazlo tú Halla la velocidad media en la primera hora, en las dos primeras horas, en las tres primeras horas… y así sucesivamente.

Practica

Interpretación de gráficas

1 Hemos sacado de la nevera un vaso con agua. Esta gráfica muestra la temperatura del agua (en grados centígrados) al pasar el tiempo:

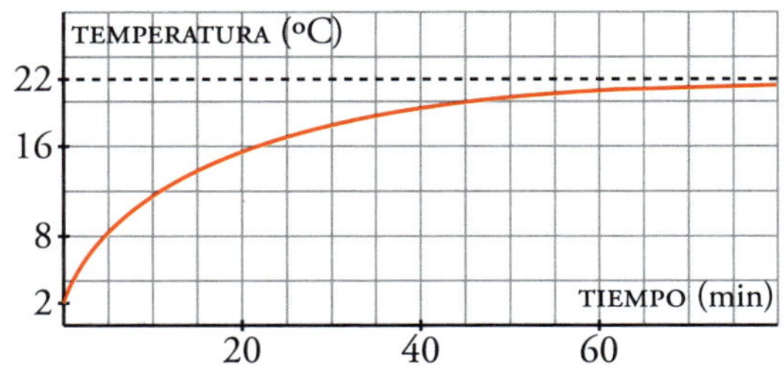

a) ¿Qué temperatura hay dentro de la nevera? ¿Y fuera?

b) Sacamos del microondas un vaso con agua a 98 °C. Dibuja una gráfica que muestre la temperatura del agua al pasar el tiempo.

2 La presión atmosférica a nivel del mar es, por término medio, la que ejerce una columna de mercurio de 760 mm. Se suele expresar como 760 mm de Hg.

En la gráfica se aprecia cómo varía al aumentar la altura.

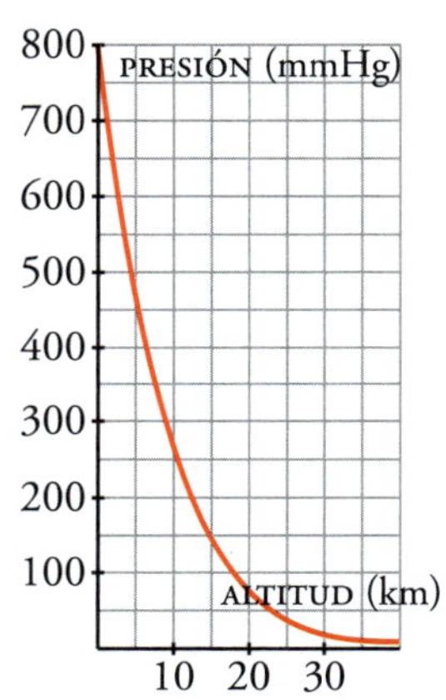

a) ¿A cuánto tiende la presión cuando la altura aumenta?

b) ¿Qué presión sufre el exterior de un avión que vuela a 10 km de altura?

3 Esta es la gráfica de la evolución de los tres primeros atletas en llegar a la meta en una carrera de 1 000 m:

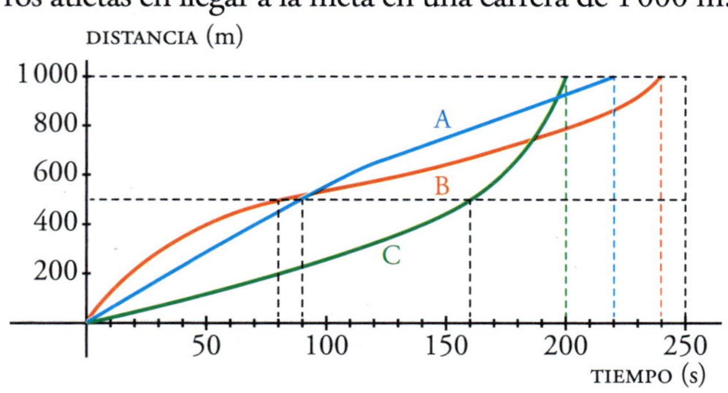

a) ¿Cuánto tardó cada uno?

b) ¿En qué momentos se han adelantado unos a otros?

c) ¿Cuál fue la velocidad media de cada uno en la primera mitad de la carrera? ¿Y en la segunda?

Enunciados, fórmulas y tablas

4 Esta tabla muestra las reservas de agua de un embalse durante tres años. Tenemos los datos concretos en cinco momentos de cada año:

SEMANA DEL AÑO	0	10	20	30	40	50
RESERVA (hm^3) 2019	252	203	385	412	372	328
RESERVA (hm^3) 2020	327	341	393	378	342	307
RESERVA (hm^3) 2021	307	310	371	360	316	286

a) Dibuja las gráficas correspondientes a los tres años de la función *N.º de semanas - Reserva* en unos mismos ejes. Descríbelas.

b) Según los datos, ¿en qué mes y año hubo más reserva? ¿Y menos?

c) ¿Cuál es el dominio?

d) Con esos datos, ¿podemos saber el recorrido de cada función?

5 La intensidad del sonido de un foco sonoro es menor a medida que nos alejamos de él y, además, decrece cada vez más despacio.

a) Representa la intensidad del sonido en función de la distancia al foco sonoro.

b) ¿Cuál es la tendencia?

6 El volumen, en cm^3, de un cilindro cuya base tiene 1 cm de radio en función de su altura, h, dada en cm, es $V = \pi h$. Por otro lado, el volumen de un cilindro cuya altura es 1 cm en función del radio, r, en cm, de su base es $V = \pi r^2$.

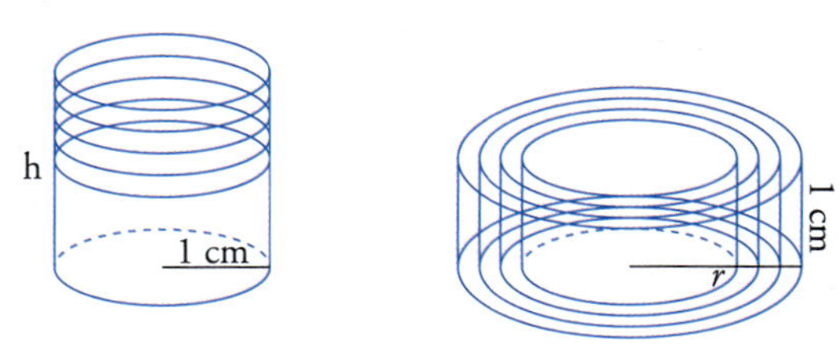

a) Calcula el volumen de un cilindro de 1 cm de radio para alturas de 1, 2, 3, 4 y 5 cm. Representa la función.

b) Halla el volumen de un cilindro de 1 cm de altura para radios de 1, 2, 3, 4 y 5 cm. Representa la función.

c) ¿Qué altura tiene un cilindro de 1 cm de radio cuyo volumen es 37,68 cm^3?

d) ¿Qué radio tiene un cilindro de 1 cm de altura cuyo volumen es 803,84 cm^3?

Dominio de definición

7 Halla el dominio de definición en cada caso:

a) $y = x^2 - 1$ b) $y = \dfrac{x^2 + 2x}{5}$ c) $y = \dfrac{3}{2}x^3 + 7x - 2$

d) $y = \dfrac{1}{x - 3}$ e) $y = \dfrac{-3x}{2x + 10}$ f) $y = \dfrac{2x - 1}{x^2 + 1}$

g) $y = \dfrac{2}{-x}$ h) $y = \dfrac{x - 1}{x^2 + x - 6}$ i) $y = \dfrac{1}{x^2 - x}$

j) $y = \sqrt{x + 7}$ k) $y = \sqrt{1 - x}$ l) $y = \sqrt{3x - 9}$

m) $y = \sqrt{-x}$ n) $y = \sqrt[3]{3x - 4}$ ñ) $y = 1 - 5\sqrt{2x + 2}$

8 Halla los dominios de definición de:

$f(x) = \sqrt{x^2 - 9}$ $g(x) = \sqrt{x^2 + 6x - 7}$

$h(x) = \sqrt{x^2}$ $i(x) = \sqrt{-x^2}$ $j(x) = \sqrt{4 - x^2}$

9 Dadas las funciones del ejercicio anterior, halla los siguientes dominios de definición:

a) $Dom[f(x) + g(x)]$ b) $Dom\ \dfrac{1}{g(x)}$ c) $Dom\ \dfrac{j(x)}{h(x)}$

10 Observa la gráfica de la función $y = f(x)$. Corta al eje X en $x = -2$, $x = 0$ y $x = 4$. Toma valores positivos en los intervalos $(-2, 0)$ y $(4, +\infty)$, y toma valores negativos en $(-\infty, -2)$ y $(0, 4)$.

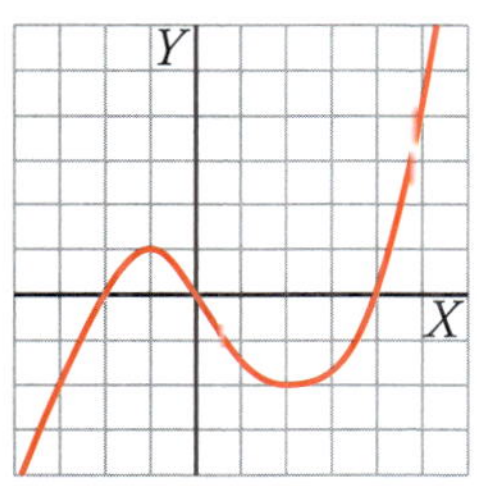

Teniendo esto en cuenta, podemos afirmar que:

- El dominio de definición de la función $y = \dfrac{1}{f(x)}$ es $\mathbb{R} - \{-2, 0, 4\}$.
- El dominio de definición de la función $y = \sqrt{f(x)}$ es $[-2, 0] \cup [4, +\infty)$.

Razonando de forma similar, di el dominio de definición de $y = \dfrac{1}{f(x)}$ e $y = \sqrt{f(x)}$, para las siguientes funciones dadas por sus gráficas:

a) 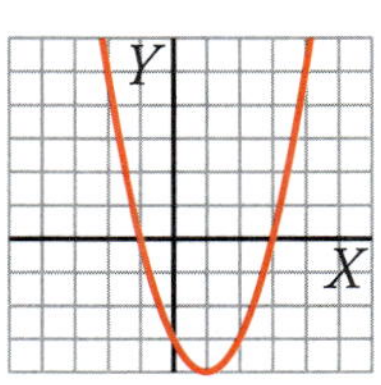

b) 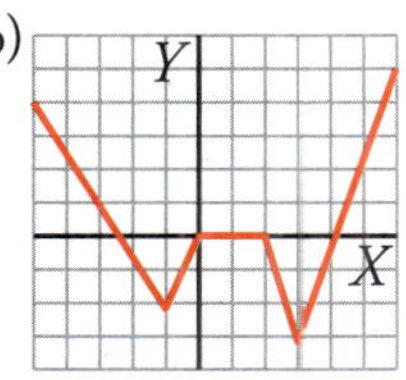

c) 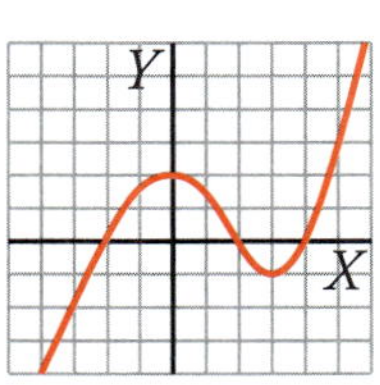

d) 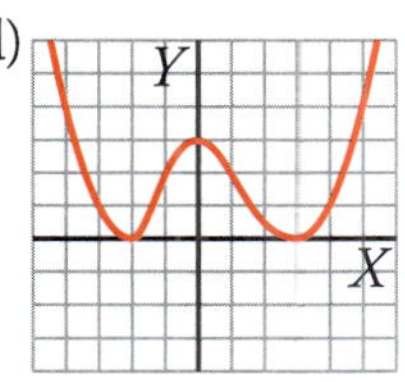

Características de una función

11 Observa esta función y halla su T.V.M. en los intervalos $[0, 4]$, $[0, 5]$, $[5, 7]$, $[0, 7]$, $[-4, 0]$ y $[-4, -2]$.

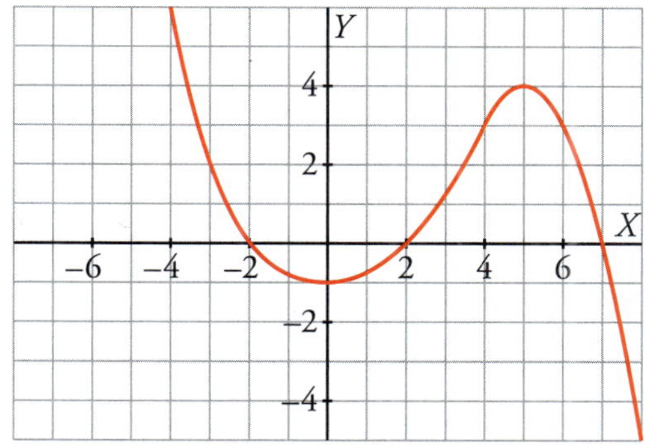

Copia en tu cuaderno la gráfica y dibuja en cada caso el segmento del cual estás hallando la pendiente.

12 Halla la T.V.M. de $y = 3x^3 + 9x^2 - 3x - 9$ en los intervalos $[-2, 0]$, $[-1, 0]$, $[-3, -1]$ y $[0, 1]$.

13 Dada la siguiente función periódica:

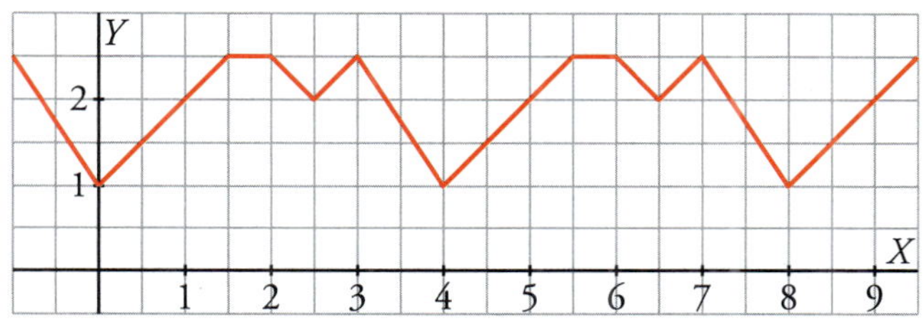

Da su periodo y los valores de la función en $x = 1$; $x = 3$; $x = -1{,}5$; $x = -9$; $x = 20$; $x = 23$ y $x = 42$.

14 Observa estas gráficas discontinuas y contesta:

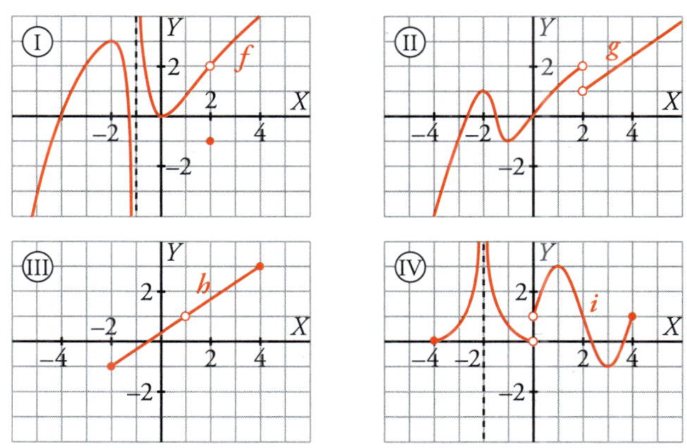

a) ¿Cuáles son los puntos de discontinuidad? Explica la razón de discontinuidad en cada punto.

b) ¿Cuál es su dominio de definición?

c) Indica, si tiene, los máximos y los mínimos relativos.

d) ¿En qué intervalos es creciente? ¿Y decreciente?

e) Halla $f(2)$, $g(2)$, $h(2)$ e $i(0)$.

Resuelve problemas

15 Observa las siguientes gráficas de funciones:

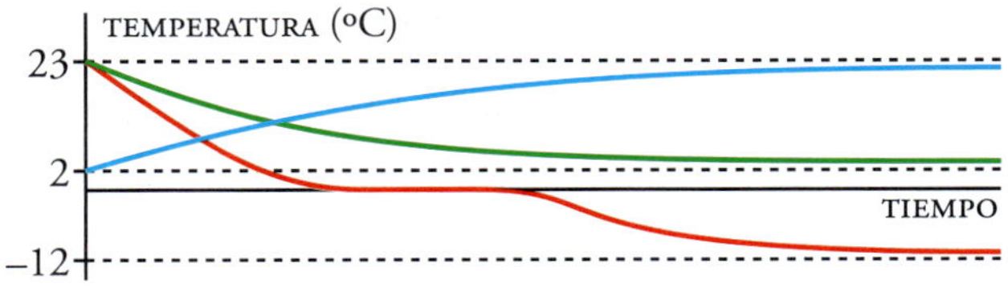

a) Relaciona cada curva con estos enunciados sobre la temperatura de un vaso de agua:

I. Cuando pasa de la mesa a la nevera.

II. Cuando se saca de la nevera y se deja en la mesa.

III. Cuando pasa de la mesa al congelador.

b) ¿A qué temperatura está la casa? ¿Y el congelador? ¿Y la nevera?

16 Observa este gráfico en el cual, siendo chica, según tu edad y tu altura, puedes saber, de forma aproximada, en qué percentil de estatura estás:

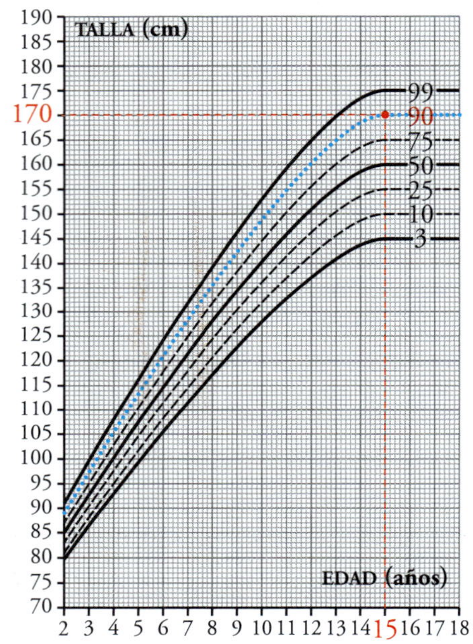

Como ves, Ana, una chica de 15 años que mide 170 cm, se encuentra en el percentil 90. Esto quiere decir que es más alta que el 90 % de la población y, por tanto, más baja que el 10 %.

a) Estima el percentil de estas otras chicas:

- Esther: 13 años; 160 cm
- Érica: 11 años; 135 cm
- María: 8 años; 113 cm
- Marta: 12 años; 150 cm

b) Si Olivia está en el percentil 75 y tiene 13 años, ¿cuál será su altura?

c) ¿Qué edad tiene Leonor si con 105 cm de altura está en el percentil 25?

17 Un triángulo isósceles tiene 20 cm de perímetro. Llama x al lado desigual e y a los lados iguales.

a) Haz una tabla de valores y, a partir de ella, escribe la función que relaciona el valor de y con el de x.

b) ¿Cuál es su dominio de definición?

18 La órbita del cometa Halley es una elipse muy excéntrica, uno de cuyos focos es el Sol. Esta función relaciona la distancia del cometa al Sol con el tiempo:

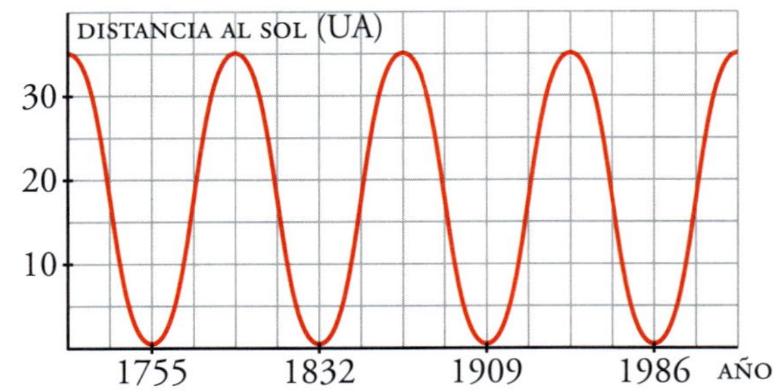

a) ¿Es una función periódica? ¿Cuál es su periodo?

b) ¿En qué año volverá a acercarse al Sol?

19 La gráfica adjunta describe el valor de una empresa desde que se fundó:

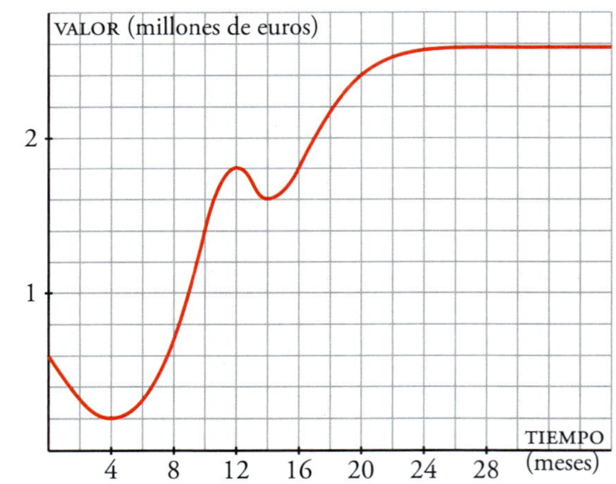

a) ¿Cuál era su valor en el momento de la apertura?

b) ¿A cuánto se redujo su valor después de 4 meses?

c) ¿Cuál es la T.V.M. en el intervalo [4, 12]? Da el resultado en miles de euros por mes.

d) ¿Cuál es la T.V.M. en [12, 14] y en [14, 20]?

e) Esta función tiene un máximo y dos mínimos relativos. Descríbelos.

f) ¿Cuál parece la tendencia de esta función para los próximos meses?

g) Haz una descripción global del valor de esta empresa en sus tres primeros años.

Resuelve: un poco más difícil

20 Con un rectángulo de cartulina de 50 cm × 20 cm, queremos fabricar una caja con tapadera.

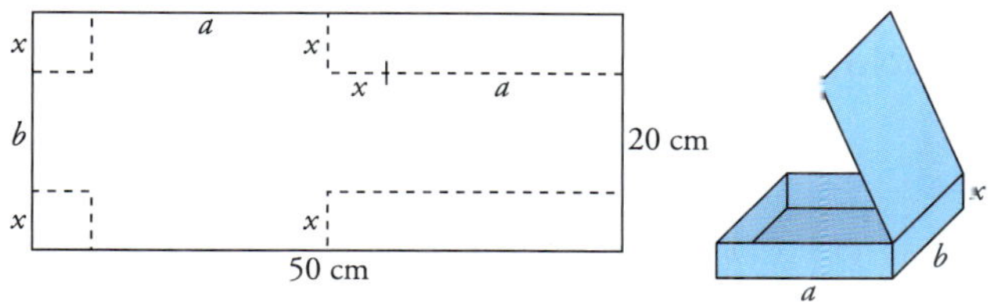

a) Obtén la expresión del volumen.

b) Dando valores a x, representa la gráfica de la función $V(x)$.

c) ¿Cuál es el dominio de $V(x)$?

21 Dibuja un cuadrado $ABCD$ de 7 cm de lado. Sobre el lado AB, marca un punto P que diste x de A, y dibuja un nuevo cuadrado $PQRS$ inscrito en el anterior.

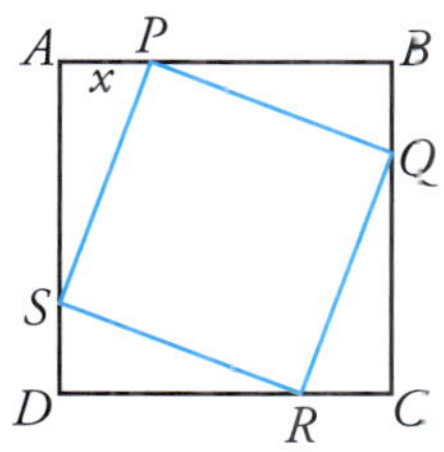

a) Observa que si $x = 3$ cm, entonces $\overline{AS} = 7 - 3 = 4$ cm. ¿Cuánto mide $\overline{PS}$? ¿Cuál es el área del nuevo cuadrado?

b) Construye la gráfica de la función que relaciona x con el área del cuadrado inscrito. Di su dominio.

22 En un cuadrado $ABCD$ de lado 1 dm dibuja la diagonal AC. Para cada punto P de esta diagonal, se forma un rectángulo, como en la figura.

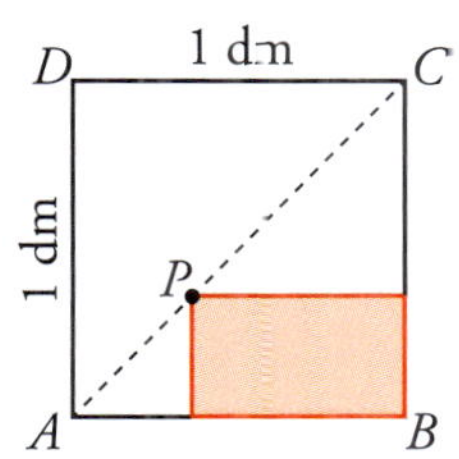

a) Halla su área cuando P dista de AB: 1/4 dm, 1/2 dm y 3/4 dm.

b) Dibuja la gráfica de la función que relaciona la distancia de P a AB con el área del rectángulo.

c) Indica el dominio de definición de la función.

23 Una función, $f(x)$, es periódica de periodo 5, y su T.V.M. en $[1, 3]$ es 1.

a) ¿Qué podemos decir de la T.V.M. de la función en el intervalo $[6, 8]$? ¿Y en el intervalo $[11, 13]$?

b) ¿Qué T.V.M. tiene la función en $[3, 6]$?

c) ¿Cuál es la tasa de variación media de la función en el intervalo $[4, 9]$? ¿Y en $[8, 43]$?

Reflexiona sobre la teoría

24 Halla la ecuación de la función cuadrática cuya gráfica, una parábola, pasa por $(0, 0)$, $(1, -3)$ y $(5, 5)$.

25 La expresión analítica de una función es de la forma $y = ax^3 + bx^2 + c$. Si sabemos que los puntos $A(0, -2)$, $B(1, 5)$ y $C(-2, -22)$ pertenecen a la gráfica, ¿cuáles serán los valores de a, b y c?

26 Calcula el valor de a, b y c para que los puntos $A(-12, a)$, $B(3/4, b)$ y $C(0, c)$ pertenezcan a la gráfica de la función $y = 3x^2 - x + 3$.

27 a) Calcula la T.V.M. de la función $y = 2x - 3$ en los intervalos $[0, 1]$, $[5, 6]$, $[1, 5]$ y $[0, 7]$.

b) Observa que en todos los intervalos el valor obtenido es igual. ¿Con qué elemento característico de la recta coincide ese valor?

c) Generaliza completando esta frase en tu cuaderno: «En las funciones lineales, la T.V.M. en cualquier intervalo es igual a …».

28 Di, razonadamente, si las siguientes afirmaciones son verdaderas o falsas:

a) Si una función es discontinua en un punto, dicho punto no pertenece al dominio de definición.

b) Si un punto no pertenece al dominio de definición de una función, esta no puede ser continua en ese punto.

c) Una función periódica podemos asegurar que es continua.

d) La pendiente de una recta es la T.V.M. de cualquiera de sus intervalos.

e) La T.V.M. de una función periódica en cualquier intervalo de longitud igual al periodo es 0.

f) Si en una parábola la T.V.M. de un intervalo es 0, el vértice está en el punto medio de dicho intervalo.

g) Todas las funciones no lineales tienen al menos un máximo o un mínimo relativo.

h) Si una función periódica es decreciente en todo su dominio, entonces no es continua.

i) El dominio de una función periódica es todo $\mathbb{R}$.

j) El dominio de definición de una función polinómica es todo $\mathbb{R}$.

k) El dominio de la función *altura-tiempo* de una piedra al lanzarla a 10 m de distancia es $[0, 10]$.

l) El dominio de la función *longitud de la base - área del cuadrado* es $\mathbb{R}$, ya que es una función polinómica.

BUSCA REGULARIDADES Y GENERALIZA

Encuentra la relación de dependencia y escribe la ecuación de la función en cada caso:

x	f(x)
1	3
2	5
3	7
5	11
10	21

x	g(x)
1	2
2	5
3	8
5	14
10	29

x	h(x)
1	2
2	5
3	10
5	26
10	101

x	t(x)
1	4
2	10
3	18
5	40
10	130

AYUDA: Para resolver el último, relaciona $t(x)$ con $g(x)$ y $h(x)$.

INVESTIGA

Funciones encadenadas

Supón que construyes una aplicación informática para la función $f_1(x) = \dfrac{1+x}{1-x}$, de forma que si escribes un número, x, y aprietas «ENTER», se transforma en $f_1(x)$. Y si vuelves a pulsar «ENTER», repite la transformación sobre el resultado anterior, tantas veces como pulses.

- Calcula los sucesivos resultados al introducir inicialmente $x = 3$ y pulsar repetidas veces la tecla «ENTER».

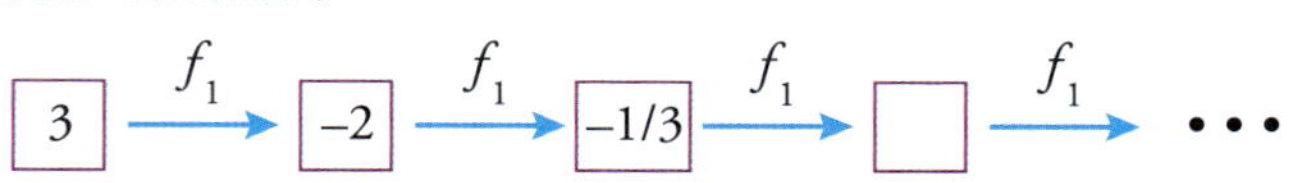

Llamemos ahora $f_2(x)$ a la función que transforma x en el resultado que se obtiene al pulsar «ENTER» dos veces; $f_3(x)$, al resultado de pulsar tres veces; …; $f_n(x)$, al resultado de pulsar n veces.

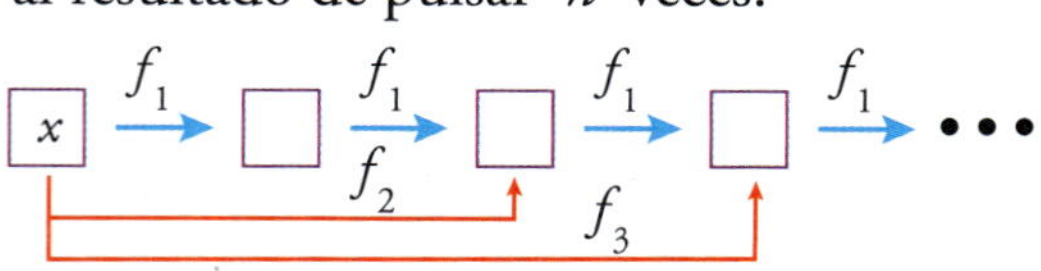

- Halla $f_{12}(3)$, $f_{13}(3)$, $f_{14}(3)$ y $f_{15}(3)$.
- Generaliza: ¿cuánto vale $f_n(3)$?

CON CALCULADORA

Puedes probar a realizar estas operaciones con calculadora pulsando la siguiente secuencia:

3 [=] [(] 1 [+] [Ans] [)] [÷] [(] 1 [−] [Ans] [)] [=]

Cada vez que pulsas [=], obtienes el siguiente resultado.

anayaeducacion.es
Generalización. Obtención de las funciones $f_n(x)$.

Cruce de caminos

Piensa que en un campo hay varias casas y que todas están unidas por caminos independientes.

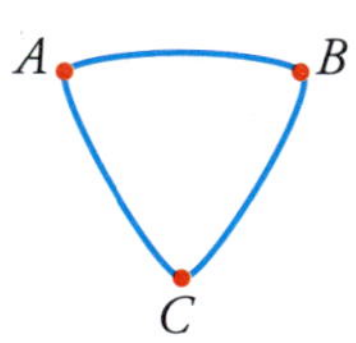

Tres puntos se pueden unir por caminos que no se cruzan.

$f(3) = 0$

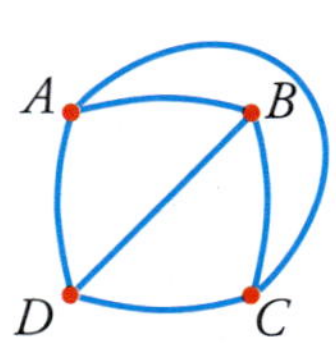

Y lo mismo ocurre con cuatro puntos.

$f(4) = 0$

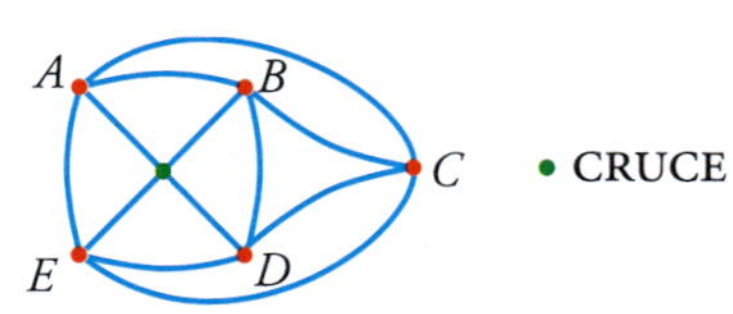

Cinco puntos no se pueden unir sin que haya, al menos, un cruce.

$f(5) = 1$

¿Cuánto vale $f(6)$? ¿Y $f(7)$? Más vale que no intentes este último. Todavía no se ha podido resolver.

Recuerda que dispones, en tu banco de recursos:

- de diversos talleres para gestionar tus emociones y de una diana para evaluarlas.
- de fichas para mejorar tu ciudadanía digital.

ENTRÉNATE RESOLVIENDO OTROS PROBLEMAS

- A 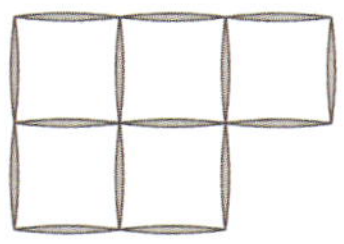 B 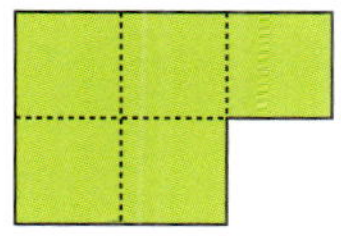

a) Consigue que en la figura A queden solo tres cuadrados suprimiendo tres palillos.

b) Consigue que en A queden solo tres cuadrados suprimiendo dos palillos.

c) Parte la figura B en tres piezas dándole dos cortes rectos. Construye con ellas un cuadrado.

d) Parte la figura B en cuatro piezas idénticas.

- a) Cambiando de lugar dos palillos, consigue, en C, que queden cuatro cuadrados.

C 

b) Parte la figura D en cuatro piezas idénticas.

D 

AUTOEVALUACIÓN

anayaeducacion.es Resoluciones de estos ejercicios y una autoevaluación interactiva.

1 Esta curva muestra la audiencia de televisión en un día de diario.

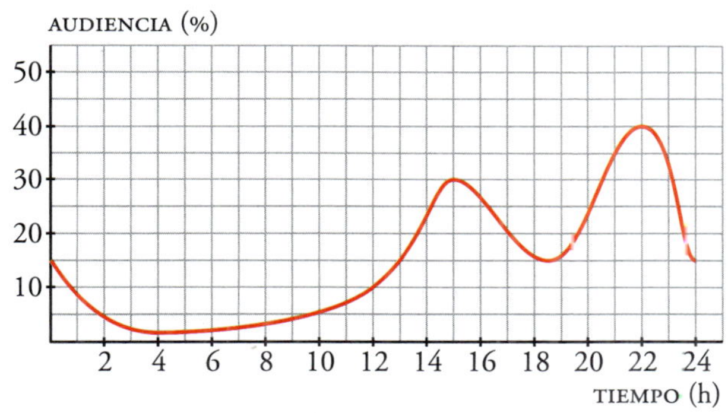

a) Descríbela, teniendo en cuenta los momentos más significativos.

b) ¿Cuál es su dominio de definición? ¿Y su recorrido?

c) Dibuja en tu cuaderno la curva que crees que puede corresponder a un domingo.

d) Dibuja en tu cuaderno la curva del 31 de diciembre.

2 Observa la gráfica y halla:

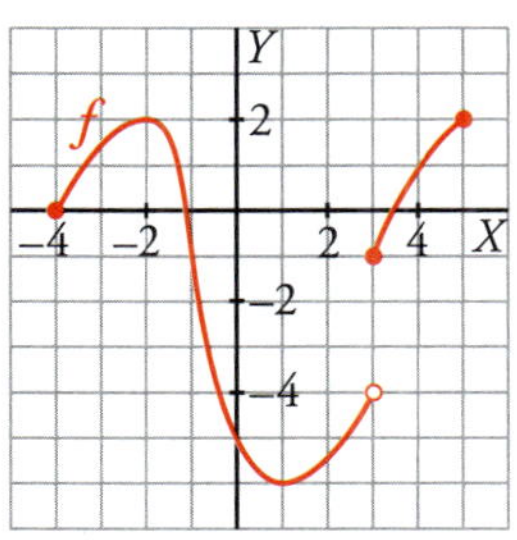

a) Dominio y recorrido.

b) Máximos y mínimos.

c) Intervalos de crecimiento y de decrecimiento.

d) Dónde es continua y los puntos de discontinuidad.

e) Calcula $f(-4)$, $f(-2)$, $f(1)$, $f(3)$ y $f(5)$.

3 Halla el dominio de definición de estas funciones:

a) $j(x) = x^2 - 16$ b) $f(x) = \sqrt{4x + 8}$ c) $g(x) = \dfrac{1}{x - 7}$

d) $h(x) = \sqrt{x^2 + 2x - 15}$ e) $\dfrac{1}{f(x)}$ f) $\dfrac{f(x)}{h(x)}$

4 Observa la siguiente función periódica:

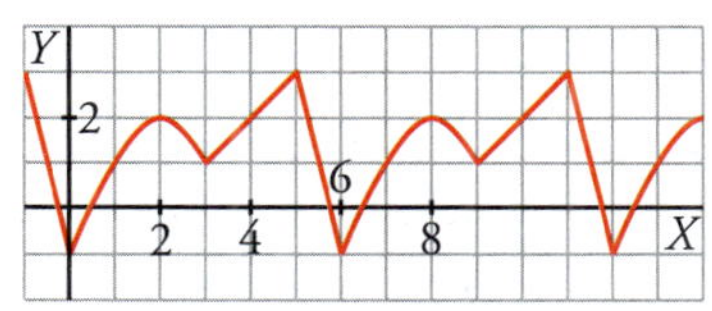

a) ¿Cuál es su periodo?

b) Halla los valores de la función en los puntos de abscisas: $x = 0$; $x = -6$; $x = -3$; $x = 2$; $x = 4$; $x = 40$; $x = -40$ y $x = 42$.

5 Representa la función $y = -x^3 + 9x^2 - 15x + 26$, definida en $[0, 5]$, dándole a x valores enteros.

Supón que y es el valor en bolsa, en millones de euros, de una empresa que acaba de cambiar de dirección, y que x es el número de meses transcurridos desde que cambió de dirección.

Describe su evolución en estos cinco meses, señalando crecimiento, decrecimiento, máximos y mínimos.

6 Calcula la tasa de variación media de la función de ecuación $y = x^2 + 4x - 5$ en los intervalos $[-5, 2]$, $[-2, 1]$ y $[1, 2]$.

Compromiso ODS Visualiza el vídeo Meta 7.2, piensa en una acción con la que podrías contribuir al logro de esa meta y comprométete a llevarla a cabo.

Suma Piezas es un proyecto educativo de Anaya para Educación Secundaria.

En la realización de esta obra han intervenido:

EDICIÓN: Carlos Vallejo

DISEÑO Y GRÁFICOS: Miguel Ángel Castillejo, Miguel Ángel Díaz-Rullo, Patricia G. Serrano, Juan Carlos Quignon

ILUSTRACIÓN: Tatio Viana

MAQUETACIÓN: Isabel Pérez

CORRECCIÓN: Migel Ángel Alonso

EDICIÓN GRÁFICA: Olga Sayans

FOTOGRAFÍA: Age Fotostock (Bridgeman Images, McPHOTO/M. Godowitsch, Science Photo Library), Alamy/Cordon Press (Adam Eastland, Artokoloro, Colport, FLHC 1E, Neil Barks, Science History Images), Archivo Anaya (Cosano, P.; Hernández Moya, B.; Martin, J.; Martín, J.A.; Martínez, C.; Ortiz, J.; Osuna, J.; Pérez-Uz, B.; Sánchez, J.; Villaboy, N.), Dreamstime (Paketesama), Getty Images (Abstract Aerial Art, Andy Brandl, Manoj Shah), iStock/Getty Images (AndreaAstes, anyaivanova, Dmytro Varavin, Elen11, Esin Deniz, Greg Meland, jroballo, Mauricio Graiki, mg7, monkeybusinessimages, poliki, Prostock-Studio, Rawf8, Ridofranz, Rost-9D, Suradech14, tifonimages, TonyBaggett, ultramarine5, Vaniatos, Violka08, winyuu),123RF(Anton Samsonov, benjaminec, Denys Bilytskyi, drlange, Eduardo Mndez, Iryna Denysova, Kateryna Bakurova, Lenar Nigmatullin, scanrail, 1xpert).

Fundación Bertelsmann
Por el empleo juvenil

ORIENTACIÓN ACADÉMICA Y PROFESIONAL: elaborada con el asesoramiento de la Fundación Bertelsmann. Coordinación: Juan José Juárez Calvo. Colaboración como expertas: Sara Lozano Santiago, Belén Pérez Castro y Pilar Vázquez Hernández.

COMPROMISO ODS

Nuestras publicaciones mantienen el rigor en el uso y en la selección de los contenidos, en las imágenes y en el lenguaje, para cumplir con la **no discriminación** por razón de género, cultura u opinión.

Grupo Anaya considera la **responsabilidad social** y **medioambiental** como uno de sus valores fundamentales. Por ello, se compromete a:

· mejorar nuestros resultados en materia de medio ambiente,

· reducir nuestras emisiones de carbono,

· hacer uso de los recursos naturales de manera responsable y

· eliminar cualquier impacto negativo de nuestra actividad en los bosques en peligro.

Dichos compromisos, entre otros, hacen que **el 100 % del papel utilizado** en nuestros libros tenga el sello **PEFC.**

Importante:

Las **actividades** propuestas en este libro deben ser realizadas en cuadernos u hojas sueltas; nunca en el propio libro.

Los **enlaces** a las páginas web que aparecen en este libro han sido revisados en la fecha de su impresión. La editorial no se hace responsable de las modificaciones o las anulaciones que se produzcan en ellos con posterioridad a dicha fecha.

ISBN: 978-84-698-7911-5 - Depósito Legal: M-2279-2021 - Printed in Spain.

ET039875/1E1I - 8450088